普通高等教育"十四五"规划教材

PUTONG GAODENGJIAOYU SHISIWU GUIHUA JIAOCAI

机械工程材料
辅导·习题·实验

◎主编：司家勇　◎副主编：张立强　王荣吉　◎主审：钟利萍

JIXIE GONGCHENG CAILIAO
FUDAO · XITI · SHIYAN

U0747960

中南大学出版社
www.csupress.com.cn

图书在版编目(CIP)数据

机械工程材料辅导·习题·实验／司家勇主编.
—长沙：中南大学出版社，2016.9(2021.12 重印)
ISBN 978-7-5487-2500-8

Ⅰ.①机… Ⅱ.①司… Ⅲ.①机械制造材料—教材
Ⅳ.①TH14

中国版本图书馆 CIP 数据核字(2016)第 221109 号

机械工程材料辅导·习题·实验

主　编　司家勇
副主编　张立强　王荣吉

□责任编辑　谭　平
□责任印制　唐　曦
□出版发行　中南大学出版社
　　　　　　社址：长沙市麓山南路　　　　邮编：410083
　　　　　　发行科电话：0731-88876770　　传真：0731-88710482
□印　　装　长沙雅鑫印务有限公司

□开　　本　787 mm×1092 mm 1/16　□印张 7.5　□字数 184 千字
□版　　次　2016 年 9 月第 1 版　　□印次　2021 年 12 月第 3 次印刷
□书　　号　ISBN 978-7-5487-2500-8
□定　　价　19.00 元

内容简介

  本书是中南大学出版社出版的《机械工程材料》(第 3 版)的配套教材,分为各章内容提要和习题、实验指导两部分,按教材章节顺序编写,紧扣教材重点,具有一定的覆盖面,具有通用性、典型性、合理性和实用性。

  本书阐述了《机械工程材料》教材各章的基本内容和学习重点,习题采用多种形式,重点突出,既考虑有助于对基本理论的学习与掌握,又充分重视对实际生产问题的了解与分析,以逐渐培养学生分析问题和解决问题的能力。实验指导部分编写了四个典型实验,着重培养学生的动手能力、观察能力和分析问题的能力。

  本书可作为大专院校机械类及近机类专业学生学习工程材料、机械工程材料、材料学概论、金属材料及热处理、金属材料学等课程的参考教材和考研参考书。

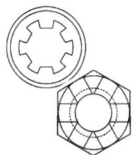

普通高等教育机械工程学科"十四五"规划教材编委会
"互联网+"创新系列教材

总序 F☼REWORD

机械工程学科作为联结自然科学与工程行为的桥梁，它是支撑物质社会的重要基础，在国家经济发展与科学技术发展布局中占有重要的地位，21 世纪的机械工程学科面临诸多重大挑战，其突破将催生社会重大经济变革。当前机械工程学科进入了一个全新的发展阶段，总的发展趋势是：以提升人类生活品质为目标，发展新概念产品、高效高功能制造技术、功能极端化装备设计制造理论与技术、制造过程智能化和精准化理论与技术、人造系统与自然世界和谐发展的可持续制造技术等。这对担负机械工程人才培养任务的高等学校提出了新挑战：高校必须突破传统思维束缚，培养能适应国家高速发展需求的具有机械学科新知识结构和创新能力的高素质人才。

为了顺应机械工程学科高等教育发展的新形势，湖南省机械工程学会、湖南省机械原理教学研究会、湖南省机械设计教学研究会、湖南省工程图学教学研究会、湖南省金工教学研究会与中南大学出版社一起积极组织了高等学校机械类专业系列教材的建设规划工作，成立了规划教材编委会。编委会由各高等学校机电学院院长及具有较高理论水平和教学经验的教授、学者和专家组成。编委会组织国内近20 所高等学校长期在教学、教改第一线工作的骨干教师召开了多次教材建设研讨会和提纲讨论会，充分交流教学成果、教改经验、教材建设经验，把教学研究成果与教材建设结合起来，并对教材编写的指导思想、特色、内容等进行了充分的论证，统一认识，明确思路。在此基础上，经编委会推荐和遴选，近百名具有丰富教学实践经验的教师参加了这套教材的编写工作。历经两年多的努力，这套教材终于与读者见面了，它凝结了全体编写者与组织者的心血，是他们集体智慧的结晶，也是他们教学教改成果的总结，体现了编写者对教育部"质量工程"精神的深刻领悟和对本学科教育规律的把握。

这套教材包括了高等学校机械类专业的基础课和部分专业基础课教材。整体看来，这套教材具有以下特色：

（1）根据教育部高等学校教学指导委员会相关课程的教学基本要求编写。遵循"重基础、宽口径、强能力、强应用"的原则，注重科学性、系统性、实践性。

（2）注重创新。本套教材不但反映了机械学科新知识、新技术、新方法的发展趋势和研究成果，还反映了其他相关学科在与机械学科的融合与渗透中产生的新前沿，体现了学科交叉对本学科的促进；教材与工程实践联系密切，应用实例丰富，体现了机械学科应用领域在不断扩大。

（3）注重质量。本套教材编写组对教材内容进行了严格的审定与把关，教材力求概念准确、叙述精练、案例典型、深入浅出、用词规范，采用最新国家标准及技术规范，确保了教材的高质量与权威性。

（4）教材体系立体化。为了方便教师教学与学生学习，本套教材还提供了电子课件、教学指导、教学大纲、考试大纲、题库、案例素材等教学资源支持服务平台。

教材要出精品，而精品不是一蹴而就的，我将这套书推荐给大家，请广大读者对它提出意见与建议，以利进一步提高。也希望教材编委会及出版社能做到与时俱进，根据高等教育改革发展形势、机械工程学科发展趋势和使用中的新体验，不断对教材进行修改、创新、完善，精益求精，使之更好地适应高等教育人才培养的需要。

衷心祝愿这套教材能在我国机械工程学科高等教育中充分发挥它的作用，也期待着这套教材能哺育新一代学子茁壮成长。

中国工程院院士　钟　掘

前言

　　本书是高为国、钟利萍主编的《机械工程材料》(第 2 版)(中南大学出版社，2012.8)的配套教材，内容包括《机械工程材料》教材的各章内容提要和习题、实验指导两部分。是根据规定的高等工科学校《机械工程材料》课程教学大纲和教学基本要求编写的。全书阐述了《机械工程材料》教材各章的基本内容和学习重点，习题采用多种形式，重点突出，既考虑有助于对基本理论的学习与掌握，又充分重视对实际生产问题的了解与分析，以逐渐培养学生分析问题和解决问题的能力。实验指导书部分编写了四个典型实验，着重培养学生的动手能力、观察能力和分析问题的能力。

　　本书可作为大专院校机械类及近机类专业学生学习工程材料、机械工程材料、材料学概论、金属材料及热处理、金属材料学等课程的参考教材和考研参考书。本书中全部采用最新的国家标准，并使用法定计量单位。

　　本书由中南林业科技大学司家勇副教授主编，第 1 章、第 2 章、第 3 章、第 4 章、实验指导部分由中南林业科技大学司家勇副教授编写，第 5 章、第 6 章由中南林业科技大学王荣吉教授编写，第 7 章、第 8 章由中南林业科技大学张立强副教授编写。全书由中南林业科技大学钟利萍教授主审。

　　本书在编写过程中参阅了一些其他版本的同类教材、相关的技术标准和资料等，中南大学出版社全程给予了指导和帮助，在此特向有关编者、作者和单位表示衷心的感谢！

　　由于编者的水平有限，加之编写时间仓促，书中不足之处在所难免，恳切希望广大读者批评指正。

编 者

目 录

第一部分 内容提要和习题

第二部分　实验指导

第一部分

内容提要和习题

第 1 章　材料的结构与凝固

一、教学基本要求、重点与难点

（一）基本要求

（1）了解晶体结构的基本概念和常见类型；

（2）掌握原子数、原子半径、配位数和致密度的概念；

（3）掌握晶面和晶向的表示方法；

（4）了解晶体缺陷的类型及几何特征；

（5）了解合金的基本概念及固态合金的相结构；

（6）了解高分子材料及陶瓷材料的结构；

（7）掌握金属结晶原理及结晶过程控制方法；

（8）掌握金属同素异构转变特性。

（二）重点

（1）三种常见的金属晶体结构及特征；

（2）固态合金的相结构及固溶强化机理；

（3）结晶的热力学条件及过冷度概念；

（4）金属结晶后的晶粒大小及其控制；

（5）金属同素异构转变过程及特点。

（三）难点

（1）晶向指数、晶面指数的表示方法；

（2）金属结晶过程；

（3）金属固态转变过程。

二、主要内容

1. 金属的晶体结构

在纯金属中，最常见、最典型的晶体结构有三种类型：体心立方晶格、面心立方晶格和密排六方晶格。其特征如下：

（1）晶胞中的原子数

晶体是由大量的晶胞堆砌而成，处于晶胞顶角或晶面上的原子不只为一个晶胞所有，只有晶胞中心的原子才完全为这个晶胞所有。三种常见晶体晶胞的原子数分别为：

体心立方：
$$n = 8 \times \frac{1}{8} + 1 = 2$$

面心立方：
$$n = 8 \times \frac{1}{8} + 6 \times \frac{1}{2} = 4$$

密排六方：
$$n = 12 \times \frac{1}{6} + 2 \times \frac{1}{2} + 3 = 6$$

（2）原子半径

在体心立方晶胞中，原子沿立方体对角线紧密接触。设晶胞的晶格常数为 a，立方体对角线的长度为 $\sqrt{3}a$，所以，体心立方晶胞中的原子半径 $r = \sqrt{3}/4a$。同样可分别算出面心立方晶胞和密排六方晶胞中的原子半径分别为 $r = \sqrt{2}/4a$ 和 $r = 1/2a$。

（3）配位数和致密度

配位数是晶体结构中与任一原子周围最近邻且等距离的原子数。配位数表示原子排列的紧密程度。配位数越大，晶体中原子排列就越紧密。

在体心立方晶格中，与其最近邻且等距离的原子是周围顶角上的 8 个原子，所以，配位数为 8。在面心立方晶格中，以面中心的原子来看，与其最近邻且等距离的原子是周围顶角上的 4 个原子，这 5 个原子构成一个平面，这样的平面共有 3 个，所以，面心立方晶格的配位数是 12 个。在密排六方晶格中，以晶格上底面中心的原子为例，它不仅与周围 6 个角上的原子紧密接触，还与其下面的 3 个位于晶胞之内的原子及其上面相邻的晶胞内的 3 个原子紧密接触，故配位数为 12。

晶体的致密度是指该晶体晶胞中所含原子的体积与晶胞体积的比值。晶体的致密度越大，晶体中原子排列密度越高，原子结合越紧密。致密度 K 可用下式表示：

$$K = \frac{nU}{V}$$

式中：n 为一个晶胞中包含的原子数，U 为晶胞中一个原子的体积，V 为晶胞的体积。

经该式计算可得：体心立方晶格、面心立方晶格、密排六方晶格的致密度分别为 0.68、0.74、0.74。

2. 晶体缺陷

由于各种因素的作用，实际金属的晶体结构不像理想晶体那样规则和完整，晶体中存在许多不完整的部位，这些部位称为晶体缺陷。根据几何特征，晶体缺陷分为点缺陷、线缺陷和面缺陷三种类型。

（1）点缺陷

点缺陷是指在三维尺度上都很小、不超过几个原子直径的缺陷。如晶格空位、间隙原子和异类原子等。

（2）线缺陷

晶体中的线缺陷主要是位错。位错是在晶体中某处有一列或若干列原子发生有规律的错排现象。位错最基本的类型有两种，即刃型位错和螺型位错。

刃型位错：由于某种原因，晶体的一部分相对于另一部分错开，出现一个多余的半原子面，犹如切入晶体的刀片，刀刃线即位错线。刃型位错的特征：有一额外半原子面；位错线可理解为已滑移区与未滑移区的边界线；晶体存在刃型位错时，位错周围的点阵发生晶格畸变，既有正应变也有切应变。位错线与晶体滑移的方向垂直。

螺型位错：晶体的上下部分发生错动，若将错动区的原子用线连接起来，则具有螺旋形特征。螺型位错的特征：无额外半原子面；只有切应变无正应变；位错线与滑移方向平行，位错线运动的方向与位错线垂直。

（3）面缺陷

晶体中的面缺陷是指二维尺度很大而第三维尺度很小的缺陷，包括晶体的表面、晶界、亚晶界、相界等。

3. 固溶体和中间相（金属化合物）

（1）固溶体

合金组元通过溶解形成一种成分和性能均匀、且结构与其组元之一相同的固相为固溶体。与固溶体结构相同的组元称为溶剂，另一组元称为溶质。固溶体主要包括置换固溶体和间隙固溶体两种形式。

在溶剂晶格的某些结点上，其原子被溶质原子所替代而形成的固溶体称为置换固溶体。若溶质与溶剂能以任何比例相互溶解，则形成无限固溶体。若溶质超过某个溶解度有其他相形成，即两个元素之间的相互溶解度有一定的限度，则形成有限固溶体。

溶质原子进入溶剂晶格的间隙中形成的固溶体称为间隙固溶体。间隙固溶体必然是有限固溶体。

（2）中间相（金属化合物）

合金组元之间相互作用形成的、晶格类型和特性均不同于任一组元的新相称为中间相，或称为金属化合物，可用分子式表示其组成。金属化合物具有较高的熔点、硬度和较大的脆性。根据其结构特点，分为：正常价化合物、电子化合物、间隙相和间隙化合物。当合金中出现金属化合物时，其强度、硬度和耐磨性提高，但塑性下降。

4. 结晶

（1）结晶概述

物质从液态冷却转变为固态的过程称为凝固。若凝固后的物质为晶体，则这种凝固称为结晶。

液态物质要结晶，就必须冷却到 T_0（理论结晶温度）以下的某个温度 T_n（实际结晶温度）才能结晶，这种现象称为过冷现象。T_0（理论结晶温度）与 T_n（实际结晶温度）之差称为过冷度。过冷度越大，液态与固态之间的能量差越大，结晶的驱动力就越大。只有当驱动力达到一定程度时，液态金属才能开始结晶。结晶的必要条件是液态金属具有一定的过冷度。

（2）结晶过程

当液态金属过冷到一定温度时，一些尺寸较大的原子集团开始变得稳定而成为结晶的核心，称为晶核。形成的晶核都按各自方向吸附周围的原子而自由长大，在长大的同时又有新的晶核出现和长大。当相邻晶体彼此接触时长大被迫停止，而只能向尚未凝固的液态部分生长，直到全部结晶完毕。

形核有两种方式：均匀形核和非均匀形核。在结晶过程中，晶核完全由纯净的过冷液态中瞬时短程有序的原子团形成，称为自发形核，又称均匀形核。依附于模壁或液相中未熔固相质点表面形核，称为非自发形核，又称非均匀形核。

一旦晶核形成，晶核就要继续长大成晶粒。系统总自由能随晶体体积的增加而下降，是晶体长大的驱动力。晶体生长有两种常见的形态：平面状态生长和树枝状态生长。

5. 同素异构转变

多数固态纯金属的晶格类型不会改变，但是有些金属在固态下其晶格类型会随温度变化而发生变化。固态金属在不同的温度区间具有不同晶格类型的性质，称为同素异构性。在金属晶体中,最典型的也最重要的是铁的同素异构转变,锡、锰、钴、钛等也存在这种现象。

同素异构转变遵循形核、长大的规律。但与结晶的特点有所不同,形核一般在某些特定部位,如晶界、晶内缺陷、特定晶面等,这是因为固态下原子扩散困难,转变需要较大的过冷度;同时由于晶格类型的变化导致金属的体积发生变化,转变时会产生较大的内应力,严重时会产生变形或开裂。

三、习题

1. 名词解释

晶体、非晶体、晶体结构、晶格、晶胞、配位数、致密度、多晶体、晶粒、晶界、位错、合金、组元、相、组织组成物、固溶体、固溶强化、中间相、理论结晶温度、过冷度、非自发形核、变质处理、同素异构转变、高聚物、单体

2. 填空题

(1)晶体与非晶体结构上最根本的区别是(　　　　　)。

(2)在立方晶系中,{120}晶面族包括(　　　　　)。

(3)$\gamma - Fe$ 的一个晶胞内的原子数为(　　　　　)。

(4)结晶过程是依靠两个密切联系的基本过程来实现的,这两个过程是(　　　　　)和(　　　　　)。

(5)当对金属液体进行变质处理时,变质剂的作用是(　　　　　)。

(6)液态金属结晶时,结晶过程的推动力是(　　　　　),阻力是(　　　　　)。

(7)过冷度是指(　　　　　),其表示符号为(　　　　　)。

(8)典型铸锭结构的三个晶区分别为(　　　　)、(　　　　)和(　　　　)。

(9)固溶体的强度和硬度比溶剂的强度和硬度(　　　　　)。

(10)高分子材料大分子链的化学组成以(　　　　　)为主要元素,根据组成元素的不同,可分为三类,即(　　　　)、(　　　　)和(　　　　)。

(11)大分子链的几何形状主要为(　　　　)、(　　　　)和(　　　　)。热塑性聚合物主要是(　　　　)分子链,热固性聚合物主要是(　　　　)分子链。

(12)高分子材料的凝聚状态有(　　　　)、(　　　　)和(　　　　)三种。

(13)线型非晶态高聚物在不同温度下的三种物理状态是(　　　　)、(　　　　)和(　　　　)。

(14)一块纯铁在912℃发生 $\alpha - Fe \rightarrow \gamma - Fe$ 转变时,体积将(　　　　　)。

3. 是非题

(1)间隙固溶体一定是无限固溶体。　　　　　　　　　　　　　　　　　(　　)

(2)凡是由液体凝固成固体的过程都是结晶过程。　　　　　　　　　　(　　)

(3)室温下,金属晶粒越细,则强度越高、塑性越低。　　　　　　　　(　　)

(4)在实际金属和合金中,自发形核常常起着优先和主导的作用。　　(　　)

（5）当形成树枝状晶体时，枝晶的各次晶轴将具有不同的位向，故结晶后形成的枝晶是一个多晶体。　　　　　　　　　　　　　　　　　　　　　　　（　　）

（6）晶粒度级数的数值越大，晶粒越细。　　　　　　　　　　　　　　（　　）

4. 单选题

（1）晶体中的位错属于（　　）

A. 体缺陷　　　　　B. 面缺陷　　　　　C. 线缺陷　　　　　D. 点缺陷

（2）在面心立方晶格中，原子密度最大的晶向是（　　）

A. 〈100〉　　　　B. 〈110〉　　　　C. 〈111〉　　　　D. 〈120〉

（3）在体心立方晶格中，原子密度最大的晶面是（　　）

A. {100}　　　　B. {110}　　　　C. {111}　　　　D. {120}

（4）固溶体的晶体结构（　　）

A. 与溶剂相同　　　　　　　　　　B. 与溶质相同

C. 与溶剂、溶质都不同　　　　　　D. 与溶剂、溶质都相同

（5）金属化合物的性能特点是（　　）

A. 硬度低、熔点高　　　　　　　　B. 硬度高、熔点低

C. 硬度高、熔点高　　　　　　　　D. 硬度低、熔点低

（6）高分子材料中结合键的主要形式是（　　）

A. 分子键与离子键　　　　　　　　B. 分子键与金属键

C. 分子键与共价键　　　　　　　　D. 离子键与共价键

（7）金属结晶时，冷却速度越快，其实际结晶温度将（　　）

A. 越高　　　　　B. 越低　　　　　C. 越接近理论结晶温度

（8）为细化铸造金属的晶粒，可采用（　　）

A. 快速浇注　　　　B. 加变质剂　　　　C. 以砂型代金属型

5. 综合分析题

（1）常见金属的晶体结构有几种？其原子半径和致密度各为多少？$\alpha-Fe$、Al、Cu、Ni、V、Mg、Zn 各属何种晶体结构？

（2）在立方晶胞中画出（110）、（120）晶面和 [211]、[$\bar{1}$20] 晶向。

（3）画出体心立方晶格、面心立方晶格和密排六方晶格中原子最密的晶面和晶向。

（4）已知 $\alpha-Fe$ 的晶格常数 $a=2.87\times10^{-10}$ m，试求出 $\alpha-Fe$ 的原子半径和致密度。

（5）在常温下，已知铜原子的直径 $d=2.55\times10^{-10}$ m，求铜的晶格常数。

（6）实际金属晶体中存在哪些晶体缺陷？它们对性能有什么影响？

（7）什么是固溶强化？造成固溶强化的原因是什么？

（8）间隙固溶体和间隙相有什么不同？

（9）简述高聚物大分子链的结构和形态。它们对高聚物的性能有何影响？

（10）说明晶态聚合物与非晶态聚合物性能上的差别，并从材料结构上分析其原因。

（11）画出线型非晶态高聚物的变形随温度变化的曲线。

（12）陶瓷的典型组织由哪几种相组成？对陶瓷材料的性能有何影响？

（13）为什么陶瓷的实际强度比理论强度低得多？指出影响陶瓷强度的因素和提高强度的途径。

（14）金属结晶的条件和动力是什么？过冷度与冷却速度有何关系？

（15）金属结晶的基本规律是什么？

（16）在实际应用中，细晶粒金属材料往往具有较好的常温力学性能。细化晶粒、提高金属材料使用性能的措施有哪些？

（17）如果其他条件相同，试比较在下列铸造条件下铸件晶粒的大小：

① 砂模浇注与金属模浇注；

② 变质处理与不变质处理；

③ 铸成厚件与铸成薄件；

④ 浇注时采用震动与不采用震动。

（18）为什么钢锭希望尽量减少柱状晶区？

（19）何谓同素异构转变？简述它与液态金属结晶的异同。

（20）铁在 912℃ 发生同素异构转变，如果原子半径不变，试求此体积的变化。

第 2 章　材料的性能与力学行为

一、教学基本要求、重点与难点

(一)基本要求

(1)掌握材料的静态力学性能和动态力学性能;

(2)了解材料的物理性能、化学性能、工艺性能;

(3)了解金属塑性变形的机理;

(4)掌握冷变形对金属的影响;

(5)掌握金属回复、再结晶与晶粒长大的过程;

(6)了解金属的热变形加工与冷变形加工的区别。

(二)重点

(1)材料的强度、硬度、塑性、韧性、疲劳强度等力学性能;

(2)冷变形对金属组织结构和性能的影响。

(三)难点

(1)金属塑性变形的机理;

(2)金属回复、再结晶与晶粒长大的过程;

(3)位错强化、细晶强化、固溶强化、弥散强化的含义。

二、主要内容

1. 材料的静态力学性能

静态力学性能是指材料在静载荷作用下抵抗变形或断裂的能力。其力学性能指标用拉伸试验得到应力—应变曲线来进行确定。

比例极限与弹性极限:比例极限是应力—应变曲线上符合线性关系的最高应力值。弹性极限是试样加载后再卸载,以不出现残留的永久变形为标准,材料能够完全弹性恢复的最高应力值。

屈服强度:材料开始产生塑性变形时的最低应力值,反映材料抵抗永久变形的能力。当拉伸试验中没有明显屈服现象时,国家标准规定,以试样拉伸时产生 0.2% 残余延伸率所对应的应力为条件屈服强度。

抗拉强度:材料的极限承载能力,是试样拉断前所能承受的最大应力值,反映材料抵抗断裂破坏的能力。

刚度:材料受力时抵抗弹性变形的能力,表示材料产生弹性变形的难易程度。

塑性:指材料在断裂前发生不可逆永久变形的能力。常用断后伸长率和断面收缩率来表征。断后伸长率:指试样拉断后标距长度的残余伸长(断后标距与原始标距之差)与原始标距长度的百分比。断面收缩率:指断裂后试样横截面积的最大缩减量(原始横截面积与断后最小横截面积之差)与原始横截面积之比的百分率。

硬度:指材料抵抗局部塑性变形的能力,是衡量材料软硬程度的指标。常用的硬度指标有布氏硬度 HB、洛氏硬度 HR 和维氏硬度 HV 等。

2. 材料的动态力学性能

冲击韧度:材料抵抗冲击载荷作用而不被破坏的能力。一般把冲击韧度值低的材料称为脆性材料,冲击韧度值高的材料称为韧性材料。

疲劳强度:工程结构在服役过程中,由于承受交变载荷而导致裂纹的产生、扩展以至断裂失效的现象称为疲劳。材料常在远低于其屈服强度的应力下发生断裂,疲劳断裂具有突发性,没有预兆,有很大的危险性。

断裂韧度:反映材料阻止裂纹失稳扩展的能力,是材料本身的力学性能指标,与裂纹的大小、形状、外加应力等无关,主要取决于材料的成分、内部组织和结构等。

3. 金属的塑性变形

金属在外力的作用下会发生塑性变形。塑性变形是强化金属的重要手段之一。

(1)单晶体塑性变形的基本方式:滑移和孪生

滑移:晶体的一部分沿一定的晶面和晶向相对于另一部分发生相对滑动位移的现象。

滑移特点:只能在切应力作用下才会产生;滑移变形实质上是晶体内部的位错在切应力作用下运动的结果;晶体发生的总变形量一定是滑移方向上原子间距的整数倍;滑移总是沿晶体中原子密度最大的晶面(密排面)和其上密度最大的晶向(密排方向)进行;滑移变形的同时伴随有晶体的转动。

孪生:晶体在切应力作用下,其一部分将沿一定的晶面(孪晶面)产生一定角度的切变。

孪生特点:通过晶格切变使晶格位向改变,使变形部分和未变形部分呈镜面对称;产生的形变量很小,一般不一定是原子间距的整数倍;萌发于局部应力集中的地方。

(2)多晶体的塑性变形及细晶强化

实际上金属大多数是多晶体。多晶体的变形与单晶体无本质上的区别,其中的每个晶粒的塑性变形是以滑移或孪生的方式进行,但由于各晶粒位向不同及晶粒与晶粒之间的交界面(晶界)存在,多晶体的变形有以下特点:

① 各晶粒的变形不同时;

② 各晶粒的变形须相互协调;

③ 晶界阻碍位错运动。

在多晶体中,金属的晶粒越细,晶界总面积越大,其塑性变形抗力越大,强度越高。另外,金属越细,一定的变形量会由更多的晶粒分散承担,不致造成局部的应力集中,可提高金属的塑性。通过细化晶粒、增加晶界以提高金属强度、塑性和韧性的方法称为细晶强化。

(3)合金的塑性变形及强化方式

合金是工业上广泛应用的材料。按组成相不同,可分为单相固溶体和多相混合物两种。

单相固溶体塑性变形时产生固溶强化:通过形成固溶体使金属的强度和硬度升高。

多相合金塑性变形时,如第二相以细小的形态弥散分布于基体中,会使合金显著强化,这种现象称弥散强化。

4. 冷变形对金属组织结构的影响

(1)晶粒变形,显微组织呈现纤维状。金属发生塑性变形后,原来的等轴状晶粒沿形变方向被拉长或压扁。当形变量很大时，晶粒变成细条状或纤维状，导致材料出现各向异性。

（2）亚结构形成。大量变形后，由于位错运动及位错间的交互作用，位错分布变得不均匀，并使晶粒碎化成许多位向略有差异的亚晶粒。

（3）形变织构产生。金属塑性变形到很大程度（70%以上）时，因晶粒发生转动，各晶粒位向大致趋近于一致，形成特殊的择优取向，这种有序化结构叫做形变织构。

5. 冷变形对金属性能的影响

（1）冷变形强化（加工硬化）。随着塑性变形量的增加，金属的强度、硬度升高，塑性、韧性下降。位错密度及其他晶体缺陷的增加是导致冷变形强化的根本原因。

（2）力学性能的各向异性。由于纤维组织和形变织构的形成，金属的力学性能产生各向异性。如沿纤维方向的强度和塑性明显高于垂直方向。

（3）物理、化学性能的改变。如电阻增大、耐腐蚀性降低。

（4）残余应力。金属在发生塑性变形时，金属内部变形不均匀，位错、空位等晶体缺陷增多，金属内部会产生残余内应力，即外力去除后，金属内部会留下残余应力。残余应力会使金属的耐腐蚀性能降低，严重时可导致零件变形或开裂。

6. 金属回复、再结晶和晶粒长大的过程

（1）回复：指冷变形金属在较低温度加热时，在光学显微组织发生改变前（即再结晶晶粒形成前）所产生的某些亚结构和性能的变化过程。

产生回复的温度为：

$$T_{回复} = (0.25 \sim 0.3) T_{熔点} \quad (T\ 为绝对温度)$$

在生产中，常利用回复将冷变形金属进行低温加热，既可消除内应力、稳定组织，又保留了加工硬化的效果，这种方法称为去应力退火。

（2）再结晶：冷变形后金属进一步加热到足够高的温度，由于原子活动能力增大，晶粒的形状开始发生变化，在原先亚晶界上的位错大量聚集处，形成了新的位错密度低的结晶核心，并不断长大为新的、稳定的、无应变的等轴晶粒，取代了原来被拉长及破碎的旧晶粒，同时性能也发生明显的变化，并恢复到完全软化的状态，这个过程称为再结晶。

再结晶是一个形核和长大的过程，是在一个温度范围内发生的。冷变形金属开始进行再结晶的最低温度称为再结晶温度。纯金属的再结晶温度与其熔点的关系：

$$T_{再} = (0.35 \sim 0.45) T_{熔点} \quad (T\ 为绝对温度)$$

最低再结晶温度与预先变形度、金属的熔点、杂质与合金元素、加热速度和保温时间等因素有关。

（3）晶粒长大：再结晶新形成的晶粒具有潜伏长大的趋势。再结晶加热温度越高，保温时间越长，金属的晶粒越大，加热温度的影响尤其明显。预先变形程度与晶粒的大小有很紧密的关系。当变形程度很小时，由于金属的畸变能很小，不足以引起再结晶，因而晶粒仍保持原来的形状。当变形程度到 2% ~ 10% 时，晶粒就特别粗大，这个变形程度称为临界变形度。生产中应尽量避开这一变形程度。超过临界变形度，可获得细小的晶粒，并且在变形量达到一定程度后，晶粒大小基本不变。在再结晶过程中，晶粒形状发生改变，但杂质仍呈条状保留下来，故再结晶过程不能消除纤维组织。

三、习题

1. 名词解释

静载荷、动载荷、强度指标、塑性指标、弹性极限、屈服强度、颈缩、抗拉强度、刚度、弹性模量、塑性、硬度、冲击韧度、多冲抗力、疲劳强度、断裂韧度、滑移、滑移系、孪生、细晶强化、固溶强化、弥散强化、形变织构、加工硬化、位错强化、残余应力、回复、再结晶、热加工、带状组织

2. 填空题

(1)材料常用的塑性指标有(   )和(   ),其中用(   )来表示塑性更接近材料的真实变形。

(2)在外力作用下,材料抵抗(   )和(   )的能力称为强度。

(3)工程上的屈强比指的是(   )和(   )的比值。

(4)表征材料抵抗冲击性能的指标是(   ),其单位是(   )。

(5)测量 HBS 值时所采用的压头是(   ),而测量 HBW 值时所采用的压头是(   )。

(6)检验淬火钢常采用的硬度指标为(   ),布氏硬度常用来测量(   )的硬度。

(7)常用的硬度试验法有(   )、(   )、(   ),测定半成品铸铁件的硬度应采用(   )。

(8)检验各种淬火钢的硬度应采用(   ),用符号(   )表示;HB 是(   )的符号,它主要用于测量硬度在(   )以下的材料。

(9)表面化学热处理、表面淬火的各种工件应该用(   )硬度来测定。

(10)钢在常温下的变形加工称为(   )加工,而铅在常温下的变形加工则称为(   )加工。

(11)常见的金属的塑性变形方式有(   )和(   )两种类型。

(12)滑移的本质是(   )。

(13)金属的晶粒愈细小,则金属的强度、硬度愈(   ),塑性、韧性愈(   ),这种现象称为(   )强化。

(14)铜的多晶体要比单晶体的塑性变形抗力(   ),这是由于多晶体的(   )和(   )阻碍位错运动造成的。

(15)金属经塑性变形以后,金属的晶粒(   ),亚晶粒(   ),位错(   )。

(16)造成加工硬化的根本原因是(   )。

(17)变形金属的最低再结晶温度与熔点的关系是(   )。

(18)再结晶后晶粒度的大小主要取决于(   )和(   )。

(19)工业金属不能在(   )变形度进行变形,否则再结晶后的晶粒(   ),使机械性能(   )。

3. 是非题

(1) 一切材料的硬度越高，其强度也越高。　　　　　　　　　　　(　　)

(2) 静载荷是指大小不可变的载荷，反之则一定不是静载荷。　　　(　　)

(3) 所有的金属材料均有明显的屈服现象。　　　　　　　　　　　(　　)

(4) HRC 测量方便，能直接从刻度盘上读数。　　　　　　　　　　(　　)

(5) 生产中常用于测量退火钢、铸铁及有色金属的硬度方法为布氏硬度法。(　　)

(6) 材料的强度高，其塑性不一定差。　　　　　　　　　　　　　(　　)

(7) 材料抵抗小能量多次冲击的能力主要取决于材料的强度。　　　(　　)

(8) 只要零件的工作应力低于材料的屈服强度，材料不会发生塑性变形，更不会断裂。　　　　　　　　　　　　　　　　　　　　　　　　　(　　)

(9) 蠕变强度是材料的高温性能指标。　　　　　　　　　　　　　(　　)

(10) 断裂韧度是反映材料抵抗裂纹失稳扩展的性能指标。　　　　　(　　)

(11) 滑移变形不会引起金属晶体结构的变化。　　　　　　　　　　(　　)

(12) 因为 BCC 晶格与 FCC 晶格具有相同数量的滑移系，所以两种晶体的塑性变形能力完全相同。　　　　　　　　　　　　　　　　　　　　(　　)

(13) 孪生变形所需要的切应力要比滑移变形时所需的小得多。　　　(　　)

(14) 金属铸件可以通过再结晶退火来细化晶粒。　　　　　　　　　(　　)

(15) 再结晶过程是有晶格类型变化的结晶过程。　　　　　　　　　(　　)

4. 单选题

(1) 机械零件在正常工作情况下多数处于(　　　　)

A. 弹性变形状态　　　B. 塑性变形状态　　　C. 刚性状态　　　　D. 弹塑性状态

(2) 下列四种硬度的表示方法中，最恰当的是(　　　)

A. 600 ~ 650 HBS　　B. 12 ~ 15 HRC　　C. 170 ~ 230 HBS　　D. 80 ~ 90 HRC

(3) 工程上希望材料的屈强比高些，目的在于(　　　　)

A. 方便设计　　　　　　　　　　　　B. 便于施工

C. 提高使用中的安全系数　　　　　　D. 提高材料的有效利用率

(4) α_K 值小的金属材料表现为(　　　　)

A. 塑性差　　　　　B. 强度差　　　　　C. 疲劳强度差　　　　D. 韧性差

(5) 下面不属于洛氏硬度法优点的是(　　　　)

A. 测量迅速简便　　　　　　　　　　B. 压痕小

C. 适应于成品零件的检测　　　　　　D. 硬度范围的上限比布氏、维氏硬度高

(6) 国家标准规定，对于钢铁材料进行疲劳强度试验时，取应力循环次数为(　　　)所对应的应力作为疲劳强度。

A. 10^6　　　　　　B. 10^7　　　　　　C. 10^8　　　　　　D. 10^9

(7) 涂层刀具表面硬度宜采用的硬度测量方法为(　　　　)

A. 布氏硬度(HBS)　B. 布氏硬度(HBW)　C. 维氏硬度　　　　D. 洛氏硬度

(8) 能使单晶体产生塑性变形的应力为(　　　)

A. 正应力　　　　　B. 切应力　　　　　C. 复合应力

(9)实测的晶体滑移需要的临界分切应力值比理论计算的小，这说明晶体滑移机制是（　　）

A. 滑移面的刚性移动　　　　　　　　B. 位错在滑移面上运动

C. 空位、间隙原子迁移　　　　　　　D. 晶界迁移

(10)面心立方晶格的晶体在受力变形时的滑移面是（　　）

A. $\{100\}$　　　　　B. $\{111\}$　　　　　C. $\{110\}$

(11)体心立方晶格的晶体在受力变形时的滑移方向是（　　）

A.$\langle100\rangle$　　　　　B.$\langle111\rangle$　　　　　C.$\langle110\rangle$

(12)具有面心立方晶格的金属塑性变形能力比体心立方晶格的大，其原因是（　　）

A. 滑移系多　　　　B. 滑移面多　　　　C. 滑移方向多　　　　D. 滑移面和方向都多

(13)变形金属再结晶后（　　）

A. 形成等轴晶，强度增大　　　　　　B. 形成柱状晶，塑性下降；

C. 形成柱状晶，强度升高　　　　　　D. 形成等轴晶，塑性升高

(14)欲使冷变形金属的硬度降低、塑性提高，应进行（　　）

A. 去应力退火　　B. 再结晶退火　　C. 完全退火　　　D. 重结晶退火

(15)为了提高零件的机械性能，通常将热轧圆钢中的流线(纤维组织)通过（　　）

A.热处理消除　　B.切削来切断　　C.锻造使其分布合理　　D.锻造来消除

5. 综合分析题

(1)比较抗拉强度 R_m、上屈服强度 R_{eH}、下屈服强度 R_{eL} 与 $R_{r0.2}$ 的异同，强度与刚度有何不同？

(2)通常提高金属材料的强度往往降低其塑性，试根据强度和塑性指标的含义说明是否材料的强度高，塑性就一定低？

(3)什么叫颈缩现象？拉伸试验时，如果试棒不出现颈缩现象，是否就意味着这种材料没有发生塑性变形？

(4)下列说法是否准确？若不准确，应如何改正？

① 机器中的零件在工作时，材料强度高的不会变形，材料强度低的一定会产生变形。

② 材料的强度高，其塑性就低；材料的硬度高，其刚性就大。

③ 材料的弹性极限高，所产生的弹性变形量就较大。

(5)用 Q235 钢制成的拉伸试棒，直径为 $\phi10$ mm，标距长度为 50 mm，屈服时拉力为 18840 N，断裂前最大拉力为 35320 N，将试棒拉断后接起来，量得标距长度为 75 mm，断裂处端面直径为 $\phi6.7$ mm。问此 Q235 钢的屈服强度、抗拉强度、伸长率和断面收缩率各是多少？

(6)布氏硬度和洛氏硬度常用来测什么材料？试说明布氏硬度和洛氏硬度的测试原理。

(7)在有关工件的图纸上，出现了以下几种硬度技术条件的标注方法，这种标注是否正确？

① 600 ~ 650 HB；

② HB = 200 ~ 250 kgf/mm^2；

③ 5 ~ 10 HRC；

④ 70 ~ 75 HRC。

（8）简介冲击弯曲试验的试验方法和冲击韧度的计算方法。

（9）何谓 K_I? 何谓 K_{IC}? 两者有何区别?

（10）拉伸试验、疲劳试验、冲击试验在试样承受的应力类型、测定的性能指标、试验的适合场合等方面区别何在?

（11）什么是金属的工艺性能? 主要包括哪些内容?

（12）下列各工件应该采用何种硬度试验方法测定其硬度?

① 锉刀;

② 黄铜轴套;

③ 供货状态（相当于正火状态）的各种碳钢钢材;

④ 硬质合金的刀片。

（13）与单晶体的塑性变形相比较,说明多晶体塑性变形的特点。

（14）金属塑性变形后组织和性能会有什么变化?

（15）用图示说明体心立方、面心立方和密排六方等三种常见晶体结构的滑移面、滑移方向及滑移系。

（16）为什么细晶粒钢强度高,塑性、韧性也好?

（17）用低碳钢钢板冷冲压成形的零件,冲压后发现各部位的硬度不同,为什么?

（18）在制造齿轮时,有时采用喷丸处理（将金属丸喷射到零件表面上）,使齿面得以强化。试分析强化原因。

（19）再结晶和重结晶有何不同?

（20）何谓临界变形度? 分析造成临界变形度的原因。

（21）已知金属钨、铅的熔点分别为 3380℃ 和 327℃,试计算它们的最低再结晶温度,并分析钨在 900℃ 加工、铅在室温加工时各为何种加工?

（22）用下述方法制成齿轮,哪种方法较理想? 为什么?

① 用厚钢板切出圆饼再机加工成齿轮;

② 用粗棒下料成圆饼再机加工成齿轮;

③ 用圆棒料加热、锻打成型再机加工成成品。

第3章　二元合金相图与铁碳合金

一、教学基本要求、重点与难点

(一)基本要求

(1)掌握相、相图、相律、杠杆定律等概念;

(2)了解二元相图的建立及基本类型;

(3)掌握几种基本二元相图的分析方法;

(4)了解铁碳合金的基本组织以及 $Fe - Fe_3C$ 相图的内涵;

(5)掌握典型铁碳合金的分类及典型铁碳合金的平衡结晶过程及组织;

(6)了解钢铁材料的生产过程;

(7)掌握碳钢的成分特点、分类方法、牌号及对应性能及用途。

(二)重点

(1)掌握杠杆定律的应用;

(2)熟练掌握铁碳合金相图及图中各特征点温度、成分及其含义;

(3)掌握典型铁碳合金的平衡结晶过程。

(三)难点

(1)杠杆定律的应用;

(2)铁碳合金成分、组织和性能之间的关系。

二、主要内容

1. 基本概念

相:合金中具有同一化学成分、同一结构和原子聚集状态,并以明显的界面互相分开的、均匀的组成部分。

相图:表示合金系中合金的状态与温度、成分间关系的图解。

平衡状态:合金的成分、质量分数不再随时间而变化的一种状态。合金的极缓慢冷却可近似认为是平衡状态。

杠杆定律:合金在某温度下两平衡相的质量之比等于该温度下与各自相区距离较远的成分线段之比,如同力学中的杠杆定律。因此,在相平衡的计算中,称为杠杆定律。必须注意:杠杆定律只适用于两相平衡区中两平衡相的相对含量计算。

2. 二元合金相图

(1)匀晶相图:两组元在液态下可以任何比例均匀地相互溶解,在固态下能形成无限固溶体时,其相图属于二元匀晶相图。$Cu - Ni$、$Fe - Cr$、$Au - Ag$ 等合金系都属于这类相图。由液相结晶出均一固相的过程就称为匀晶转变。

(2)共晶相图:两组元在液态下完全互溶,在固态下有限互溶,并发生共晶转变所构成的相图称为共晶相图。

二元合金系中，一定成分的液相，在一定温度下同时结晶出成分一定的两种不相同固相的转变，称为共晶转变。

二元共晶相图有两种基本形式：一种是在固态下二组元完全不相互溶解，另一种是在固态下二组元有限溶解。后一种形式是常见的共晶相图。Pb – Sn、Pb – Sb、Ag – Cu、Al – Si 等合金系都属于这类相图。

（3）包晶相图：两组元在液态下无限互溶，在固态下有限溶解，并发生包晶转变的二元合金系相图，称为包晶相图。

在一定温度下，由一定成分的固相与一定成分的液相作用，形成另一个一定成分固相的转变过程，称为包晶转变。Pt – Ag、Sn – Sb、Cu – Sn、Cu – Zn 等合金系都属于这类相图。

（4）具有共析反应的相图：在一定温度下，由一定成分的固相分解为另外两个一定成分固相的转变过程，称之为共析转变或共析反应，其相图即为具有共析反应的相图。

（5）含有稳定化合物的相图：在某些二元系合金中，组元间可能形成一些稳定的金属间化合物。稳定的金属间化合物是指具有一定熔点，在熔点以下保持其固有结构而不发生分解的化合物。

3. Fe – Fe₃C 相图

Fe – Fe₃C 相图是指在极其缓慢的加热或冷却条件下，不同成分的铁碳合金，在不同温度下所具有的状态或组织的图形。它是研究铁碳合金成分、组织和性能之间关系的理论基础，也是选材、制定热加工及热处理工艺的重要依据。

（1）铁碳合金的基本组织

① 铁素体

碳溶入 α – Fe 中形成的间隙固溶体称为铁素体，用符号 F 或 α 表示，体心立方晶格，这种晶格的间隙分布较分散，故间隙尺寸很小，因而溶碳能力较差，在 727℃ 时碳的溶解度最大为 0.0218%，室温时几乎为零。铁素体的塑性、韧性很好，但强度、硬度较低。

② 奥氏体

碳溶入 γ – Fe 中形成的间隙固溶体称为奥氏体，用符号 A 或 γ 表示，面心立方晶格，其致密度较大，晶格间隙的总体积虽较铁素体小，但其分布相对集中，单个间隙的体积较大，因而 γ – Fe 的溶碳能力比 α – Fe 大，727℃ 时溶解度为 0.77%，随着温度的升高，溶碳量增多，1148℃ 时其溶解度最大，为 2.11%。

奥氏体常存在于 727℃ 以上，是铁碳合金中重要的高温相，强度和硬度不高，但塑性和韧性很好，易锻压成形。

③ 渗碳体

渗碳体是铁和碳相互作用而形成的一种具有复杂晶体结构的金属化合物，常用化学分子式 Fe₃C 表示。含碳量为 6.69%，熔点为 1227℃，硬度很高，塑性和韧性极低，脆性大。渗碳体是钢中的主要强化相，在钢和铸铁中一般呈片状、网状或球状。它的数量、形状、大小及分布状况对钢的性能影响很大。

④ 珠光体

珠光体是由铁素体和渗碳体组成的多相组织，用符号 P 表示。珠光体中碳的质量分数平均为 0.77%，由于珠光体组织是由软的铁素体和硬的渗碳体组成，因此，其性能介于铁素体和渗碳体之间，即具有较高的强度和塑性，硬度适中。

⑤ 莱氏体

碳的质量分数为 4.3% 的液态铁碳合金冷却到 1148℃ 时，同时结晶出奥氏体和渗碳体的多相组织称为莱氏体，用符号 Ld 表示。在 727℃ 以下莱氏体由珠光体和渗碳体组成，称为变态莱氏体，用符号 Ld′ 表示。莱氏体的性能与渗碳体相似，硬度很高，塑性很差。

(2)铁碳合金分类

根据碳的质量分数和室温组织的不同，可分为三类：

① 工业纯铁：含碳量不超过 0.0218% 的纯铁。

② 钢：根据室温组织不同，钢可分为三类：

亚共析钢：化学成分低于共析成分($0.0218\% < w_C < 0.77\%$)，室温平衡组织为铁素体加珠光体的钢。

共析钢：具有共析成分($w_C = 0.77\%$)，室温平衡组织全部为珠光体的碳素钢。

过共析钢：化学成分超过共析成分($0.77\% < w_C < 2.11\%$)，室温平衡组织为先共析渗碳体加珠光体的钢。

③ 白口铁：根据室温组织不同，白口铁可分为三类：

亚共晶白口铁：($2.11\% < w_C < 4.3\%$)，室温平衡组织是由珠光体和变态莱氏体组成。

共晶白口铁：具有共晶成分($w_C = 4.3\%$)，室温平衡组织是由珠光体和渗碳体组成。

过共晶白口铁：($4.3\% < w_C < 6.69\%$)，室温平衡组织是由一次渗碳体和变态莱氏体组成。

4. 含碳量对铁碳合金组织和性能的影响

(1)含碳量对铁碳合金室温平衡组织的影响

在共析温度(727℃)以下，不同成分的铁碳合金都是由铁素体和渗碳体两个相组成。一方面，随着碳含量的增加，渗碳体的量呈线性增加；另一方面，随着碳含量的增加，渗碳体的形态和分布情况也发生变化，由分布在铁素体基体内的片状变为分布在奥氏体晶界上的网状，最后作为基体出现在莱氏体中。其室温组织变化情况如下：

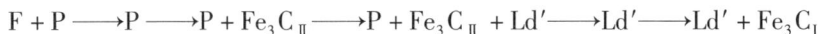

$$F + P \longrightarrow P \longrightarrow P + Fe_3C_{II} \longrightarrow P + Fe_3C_{II} + Ld' \longrightarrow Ld' \longrightarrow Ld' + Fe_3C_I$$

(2)含碳量对铁碳合金力学性能的影响

铁素体强度、硬度低，塑性好，渗碳体硬而脆。当钢中碳的质量分数小于 0.9% 时，随着碳含量的增加，钢的强度、硬度直线上升，而塑性、韧性不断下降；当钢中碳的质量分数大于 0.9% 时，因网状渗碳体的存在，不仅使钢的塑性、韧性进一步降低，而且强度也明显下降，但硬度仍直线上升。含碳量超过 2.11% 时，由于组织中出现以渗碳体为基体的莱氏体，使性能变得硬而脆，难以切削加工，因此在一般机械制造中应用很少。

三、习题

1. 名词解释

相图、相律、杠杆定律、匀晶反应及匀晶相图、共晶反应及共晶相图、共晶组织、包晶反应及包晶相图、共析反应、流动性、收缩性、缩孔、疏松、铁素体、奥氏体、渗碳体、珠光体、

莱氏体、一次渗碳体、二次渗碳体、三次渗碳体、炼铁、炼钢、碳钢、热脆性、冷脆性、碳素结构钢、碳素工具钢、碳素铸钢

2. 填空题

(1)合金相图是在(　　　　　)条件下表示合金的(　　　　　)之间关系的图形。

(2)一合金发生共晶反应,液相 L 生成共晶体($\alpha + \beta$)。共晶反应式为(　　　　　),共晶反应的特点是(　　　　　)。

(3)铁碳合金的基本组织有(　　　　)、(　　　　)、(　　　　)、(　　　　)和(　　　　)。

(4)珠光体的本质是(　　　　)。

(5)在铁碳合金平衡组织中,铁素体的形态有(　　　　)、(　　　　)及(　　　　)等形状。

(6)在碳钢及白口铸铁平衡组织中,渗碳体的形态有(　　　　)、(　　　　)及(　　　　)等形状。

(7)在铁碳合金相图中存在着四条重要的线,请说明冷却通过这些线时所发生的转变并指出其生成物:ECF 线(　　　　)、(　　　　),PSK 线(　　　　)、(　　　　),ES 线(　　　　)、(　　　　),GS 线(　　　　)、(　　　　)。

(8)在铁碳合金室温平衡组织中,含 Fe_3C_I 最多的合金成分点为(　　　　),含 Fe_3C_{II} 最多的合金成分点为(　　　　),含 Fe_3C_{III} 最多的合金成分点为(　　　　),含 P 最多的合金成分点为(　　　　),含 Ld′ 最多的合金成分点为(　　　　)。

(9)亚共析成分的铁碳合金平衡结晶冷却至室温时,其组织组成物是(　　　　),其相组成物是(　　　　)。

(10)过共析成分的铁碳合金平衡结晶冷却至室温时,其室温的相组成为(　　　　),室温组织为(　　　　)。

(11)用显微镜观察某亚共析钢,若估算其中的珠光体体积分数为80%,则此钢的碳的质量分数为(　　　　)。

(12)在 $Fe - Fe_3C$ 相图的各组织或相中,硬度最高的是(　　　　),强度最高的是(　　　　),塑性最好的是(　　　　)。

(13)铁碳合金的压力加工性能,工业纯铁比碳钢(　　　　),碳钢中的含碳量越高,其压力加工性能越(　　　　),白口铸铁则(　　　　)。

(14)铁碳合金的结晶温度范围越(　　　　),其铸造性能越(　　　　);铸造性能最好的合金成分为(　　　　)。

(15)碳钢中常存的杂质元素有(　　　　)、(　　　　)、(　　　　)及(　　　　);其中(　　　　)和(　　　　)为有害杂质元素。

(16)T12 钢,按用途分类,属于(　　　　)钢;按化学成分分类,属于(　　　　)钢;按质量分类,属于(　　　　)钢。

(17)Q235 常用于桥梁、建筑等工程结构,这是因为其(　　　　)。

(18)按质量分,ZG35、35、16Mn、08F 及 T7A 钢分别属于(　　　　)钢、(　　　　)钢、(　　　　)钢及(　　　　)钢。

3. 是非题

(1)形成固溶体合金的结晶过程是在一定温度范围进行的,结晶温度范围愈大,铸造性能愈好。   (   )

(2)同一种固相,它的初生相和次生相在化学成分、晶体结构上是不同的。   (   )

(3)平衡结晶获得的质量分数为 20% Ni 的 Cu – Ni 合金比质量分数为 40% Ni 的 Cu – Ni 合金的硬度和强度要高。   (   )

(4)一个合金的室温组织为 $\alpha + \beta_{II} + (\alpha + \beta)$,它由三相组成。   (   )

(5)珠光体是铁碳合金中的一个常见相。   (   )

(6)铁素体的本质是碳在 α – Fe 中的间隙相。   (   )

(7)在铁碳合金平衡结晶过程中,只有碳质量分数为 4.3% 的铁碳合金才能发生共晶反应。   (   )

(8)铁碳合金室温平衡组织均由铁素体与渗碳体两个基本相组成。   (   )

(9)在平衡态下,各种碳钢及白口铸铁的室温组织组成物不同,故其相组成物也不同。   (   )

(10)25 钢、45 钢、65 钢的室温平衡态的组织组成物及相组成物均相同。   (   )

(11)铁碳合金在共析转变过程中,奥氏体、铁素体及渗碳体三相的化学成分和相对量保持恒定不变。   (   )

(12)铁碳合金在共晶转变过程中,奥氏体和渗碳体两相的化学成分及相对量都保持不变。   (   )

(13)在铁碳合金中,共析、共晶转变产物的塑性依次降低,硬度依次升高。   (   )

(14)化学成分为 E 点的铁碳合金,其室温平衡组织为珠光体 + 二次渗碳体 + 低温(变态)莱氏体。   (   )

(15)莱氏体是白口铸铁的基本组织,因此凡平衡组织中无莱氏体的铁碳合金均为碳钢。   (   )

(16)对同类合金来说,其共析体比共晶体组织要细,所以莱氏体比珠光体细。   (   )

(17)铸铁可铸造成形;钢可锻压成形,但不可铸造成形。   (   )

(18)20 钢比 T12 钢的碳质量分数要高。   (   )

(19)在退火状态(接近平衡组织)45 钢比 20 钢的塑性和强度都高。   (   )

4. 单选题

(1)具有匀晶相图的单相固溶体合金(   )

A. 铸造性能好   B. 锻造性能好   C. 热处理性能好   D. 切削性能好

(2)当二元合金进行共晶反应时,其相组成是(   )

A. 由单相组成   B. 两相共存   C. 三相共存   D. 四相组成

(3)当固溶体浓度较高时,随着合金温度的下降,会从固溶体中析出次生相,为使合金的强度、硬度有所提高,希望次生相呈(   )

A. 网状析出   B. 针状析出   C. 块状析出   D. 弥散析出

(4)在发生 $L \rightarrow (\alpha + \beta)$ 共晶反应时,三相的成分(   )

A. 相同　　　　　　　B. 确定　　　　　　　C. 不定

(5)二元共析反应是指(　　　)

A.在一个温度范围内,由一种液相生成一种固相

B.在一恒定温度下,由一种液相生成两种不同固相

C.在一恒定温度下,由一种固相析出两种不同固相

D.在一恒定温度下,由一种液相和一种固相生成另一种固相

(6)共析成分的合金在共析反应 $\gamma \rightarrow (\alpha + \beta)$ 刚结束时,其组成相为(　　　)

A. $\gamma + \alpha + \beta$　　　　B. $\alpha + \beta$　　　　C. $(\alpha + \beta)$

(7)铁素体的机械性能特点是(　　　)

A. 强度高、塑性好、硬度低　　　　　　B. 强度低、塑性差、硬度低

C. 强度低、塑性好、硬度低

(8)奥氏体是(　　　)

A. 碳在 $\gamma - Fe$ 中的间隙固溶体　　　　　B. 碳在 $\alpha - Fe$ 中的间隙固溶体

C. 碳在 $\alpha - Fe$ 中的有限固溶体

(9)珠光体是一种(　　　)

A. 单相固溶体　　　B. 两相混和物　　　C. Fe 与 C 的化合物

(10)珠光体的大致硬度为(　　　)

A. 80 HBS　　　　B. 180 HBS　　　　C. 480 HBS　　　　D. 800 HBS

(11)在铁碳合金平衡组织中,强度最高的是(　　　)

A. 铁素体　　　　　　　　　　　B. 渗碳体

C. 低温莱氏体或变态莱氏体　　　　　D. 珠光体

(12)二次渗碳体是从(　　　)

A.钢液中析出　　　B.铁素体中析出　　　C.奥氏体中析出　　　D.莱氏体中析出

(13)碳钢与白口铸铁的化学成分分界点是(　　　)

A. 0.0218% C　　　B. 0.77% C　　　C. 2.11% C　　　D. 4.3% C

(14)平衡结晶时,共析钢冷至共析温度,共析转变已经开始,但尚未结束,此时存在的相为(　　　)

A. 铁素体 + 渗碳体 + 奥氏体　　　　B. 铁素体 + 渗碳体

C. 奥氏体　　　　　　　　　　　D. 奥氏体 + 铁素体

(15)平衡结晶时,共晶白口铁冷至共晶温度,共晶转变已经开始,但尚未结束,此时存在的相为(　　　)

A. 液相　　　　　　　　　　　B. 液相 + 奥氏体

C. 奥氏体 + 渗碳体　　　　　　　　D. 液相 + 奥氏体 + 渗碳体

(16)普通钢、优质钢及高级优质钢在化学成分上的主要区别是含(　　　)量不同。

A. 碳　　　　　　B. 硫、磷　　　　C. 硅、锰　　　　D. 铬、镍

(17)45 钢常用于制造机械零件,这是因为其(　　　)

A.属于中碳钢　　　　　　　　　B.具有良好的综合力学性能

C.具有良好的硬度和强度　　　　　　D.价格便宜

(18) T10 钢的碳的质量分数为(　　)

A. 0.1%　　　　　　　　B. 1.0%　　　　　　　C. 10%

5. 综合分析题

(1) 二元合金相图表述了合金的哪些关系? 有哪些实际意义?

(2) 何谓枝晶偏析与比重偏析? 能否消除? 如何消除?

(3) 图 3 - 1 为 Pb - Sn 二元合金相图。请说明 28% Sn 的 Pb - Sn 合金在下列各温度条件时,组织中有哪些相? 并求出相的相对含量。

① 高于 300℃;

② 刚冷到 183℃,共晶转变尚未开始;

③ 在 183℃ 共晶转变完毕;

④ 冷却到室温。

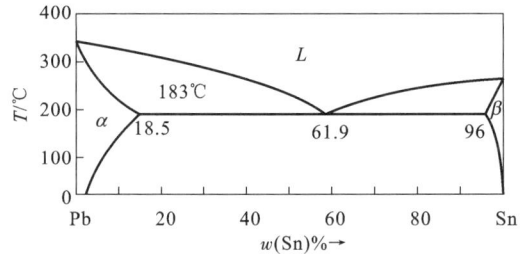

图 3 - 1　Pb - Sn 二元合金相图

(4) 将 20 kg 纯铜与 30 kg 纯镍熔化后慢冷至如图 3 - 2 温度 T_1,求此时:

① 两相的化学成分;

② 两相的质量比;

③ 各相的质量分数;

④ 各相的质量。

(5) 求碳的质量分数为 3.5%、质量为 10 kg 的铁碳合金从液态缓慢冷却到共晶温度(但尚未发生共晶反应)时所剩下的液体的碳的质量分数及液体的质量。

(6) 为什么碳钢进行热锻、热轧时都要加热到奥氏体区?

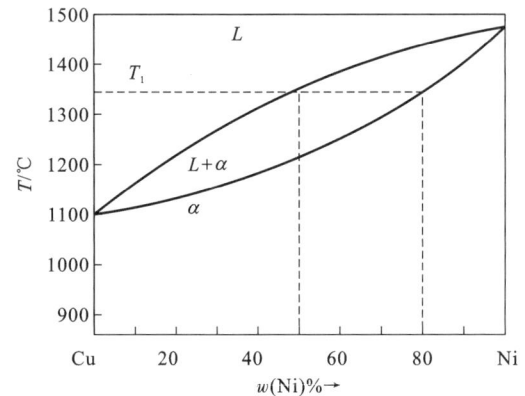

图 3 - 2　Cu - Ni 二元合金相图

(7) 标出简化后的铁碳合金相图(图 3 - 3)中各区域的相组成物(在方括号内)和组织组成物(在圆括号内)。

(8) 试分析含 0.2%C、0.6%C、1.2%C 的铁碳合金缓冷时的组织转变,画出冷却曲线及每一个阶段的显微组织示意图。

(9) 根据 Fe - Fe₃C 相图计算:

① 室温下,含碳 0.2% 的铁碳合金中相组成物和组织组成物的相对含量。

② 室温下,含碳 0.45% 的铁碳合金中相组成物和组织组成物的相对含量。

③ 室温下,含碳 1.2% 的铁碳合金中相组成物和组织组成物的相对含量。

(10) 某厂材料仓库两种碳钢材料混料,无法区别。实验人员截取了两块试样,退火后制备金属试样,放在显微镜下观察。其中一块,铁素体占 41.6%,珠光体占 58.4%;另一块二次渗碳体占 7.3%,珠光体占 92.7%。试求这两种钢的牌号。

(11) 比较退火状态下的 45 钢、T8 钢、T12 钢的硬度、强度和塑性的高低,简述原因。

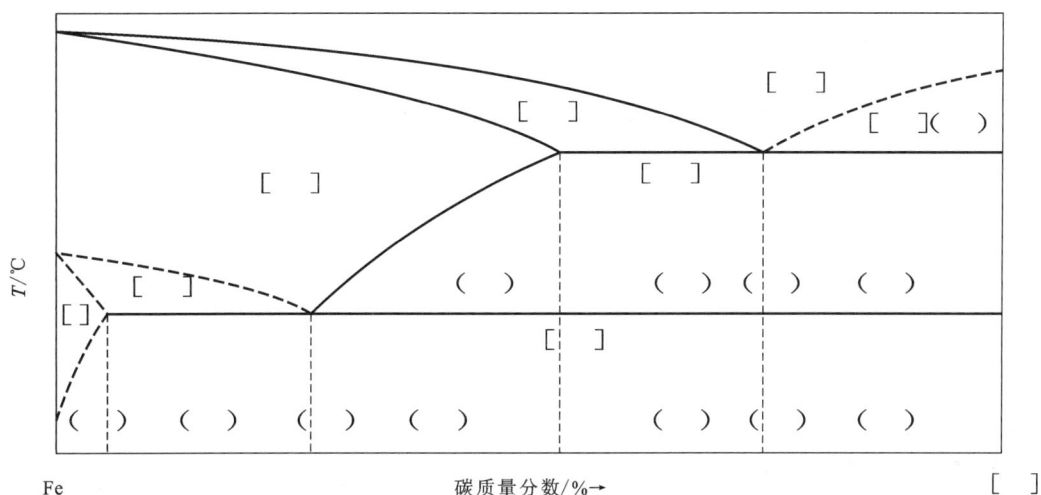

图 3 - 3　铁碳合金相图

(12)同样形状的两块铁碳合金,其中一块是退火状态的 15 钢,一块是白口铸铁,用什么简便方法可迅速区分它们?

(13)为什么要严格限制钢材中的 P、S 含量?

(14)说明下列现象的产生原因:

① 含碳量 1.0% 的钢比 0.5% 的钢硬度高;

② 在室温下 0.8%C 钢的强度比 1.2%C 钢高;

③ 莱氏体塑性比珠光体塑性差;

④ 在 1100℃,0.4%C 钢能进行锻造,4.0%C 铸铁不能锻造;

⑤ 钢锭在 950 ~ 1100℃ 温度条件下轧制,有时会造成钢坯开裂;

⑥ 一般要把钢加热到高温(约 1000 ~ 1250℃)下进行热轧或锻造;

⑦ 钢铆钉一般用低碳钢制造;

⑧ 绑扎物件一般用铁丝(镀锌低碳钢丝),而起重机吊重物都用钢丝绳(用 60、65、70、75 等号钢制成);

⑨ 钳工锯 T8、T10、T12 等钢料时比锯 10、20 钢费力,锯条容易磨钝;

⑩ 钢适宜于通过压力加工成型,而铸铁适宜于通过铸造成型。

(15)手锯锯条、普通螺钉、车床主轴分别用何种碳钢制造?

(16)指出下列各种钢的类别、主要特点及用途:

① Q235A;

② 08F;

③ 65;

④ T12A。

第4章　钢的热处理

一、教学基本要求、重点与难点

(一)基本要求

(1)掌握热处理的概念;

(2)了解奥氏体的形成过程和影响因素;

(3)掌握过冷奥氏体等温转变(TTT 图)及其影响因素;

(4)掌握过冷奥氏体连续冷却转变(CCT 图)及其影响因素;

(5)掌握常规热处理工艺方法;

(6)了解表面热处理工艺及表面处理新技术。

(二)重点

(1)奥氏体形成与长大的机理与影响因素;

(2)TTT 图和 CCT 图的意义;

(3)退火、正火、淬火和回火的目的、加热温度、冷却条件、组织性能变化及适用钢种。

(三)难点

(1)TTT 图和 CCT 图的区别;

(2)马氏体转变机理;

(3)淬透性和淬硬性的区别。

二、主要内容

1. 奥氏体的形成过程

分为四个基本过程:奥氏体晶核的形成、奥氏体晶核的长大、剩余渗碳体的溶解、奥氏体成分均匀化。

2. 奥氏体晶粒大小

(1)起始晶粒度:P 向 A 转变完成时刚形成的 A 晶粒大小。即奥氏体化刚结束时的晶粒度。

(2)实际晶粒度:钢在某一具体加热条件下获得的 A 晶粒大小。它直接影响钢冷却后的力学性能。

(3)本质晶粒度:钢在加热时奥氏体晶粒长大的倾向。通常在规定加热条件下进行判定。

3. 过冷奥氏体冷却转变

A 在临界点 A_1 以上是稳定相,冷却到 A_1 以下为不稳定相,将要发生转变。但转变前须经过一段孕育期。这种在临界点以下暂时存在的 A 称为过冷奥氏体($A_{过}$)。$A_过$ 的转变产物决定于转变温度,而转变温度又取决于冷却方式和冷却速度。

(1)过冷奥氏体等温冷却转变曲线(TTT 图)

　　$A_过$ 等温冷却转变曲线是表示过冷 A 在不同过冷度下的等温冷却过程中，转变温度、转变时间与组织转变量之间关系的曲线。因其形状很像字母"C"，故称为 C 曲线，也称为 TTT 曲线。共析钢过冷奥氏体等温冷却转变曲线如图 4 - 1 所示。

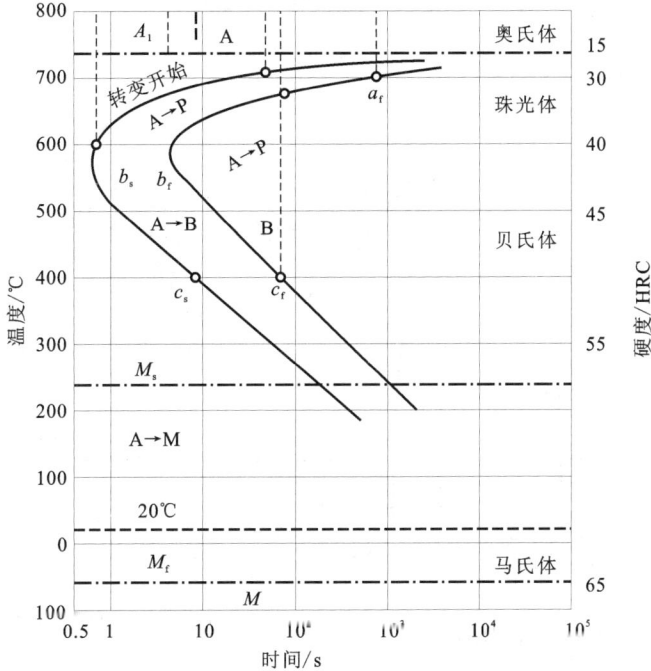

图 4 - 1　共析钢过冷奥氏体等温冷却转变曲线(TTT 图)

　　（2）过冷奥氏体连续冷却转变曲线(CCT 图)

　　实际生产中，钢的热处理多用连续冷却方法，如淬火、正火和退火等，因为连续冷却简便易行，故研究 $A_过$ 连续冷却转变曲线(CCT 图)对于制定热处理工艺更有意义。过冷奥氏体连续冷却转变曲线(CCT 图)是分析连续冷却过程中奥氏体的转变过程以及转变产物组织性能的依据。但 CCT 图的测定困难，目前仍有一些钢的 CCT 曲线未能建立，所以，常利用 TTT 图来分析连续冷却时过冷奥氏体的转变过程，但是这种分析只能是粗略的估计。

　　共析钢 TTT 曲线(实线)和 CCT 曲线(虚线)的比较及其转变组织如图 4 - 2 所示。

　　（3）过冷奥氏体冷却转变类型

　　① 珠光体型转变（高温转变）

　　珠光体型转变在 A_1 ~550℃温度范围内进行。由于转变温度高，原子扩散能力强，可通过铁、碳原子的扩散和 A 晶格的改组获得珠光体(P)型组织。

　　② 贝氏体型转变（中温转变）

　　$A_过$ 在 550℃ ~ M_s(共析钢 M_s 点约为 230℃)温度范围内等温冷却时发生贝氏体转变。

　　上贝氏体：在 550 ~ 350℃范围内碳原子尚有一定的扩散能力，仅有部分碳原子扩散到相邻的 A 中，在铁素体片间析出不连续的短棒状或细条状渗碳体，形成羽毛状的上贝氏体($B_上$)。上贝氏体的强度、硬度比珠光体高，塑性及韧性差，生产中很少使用。

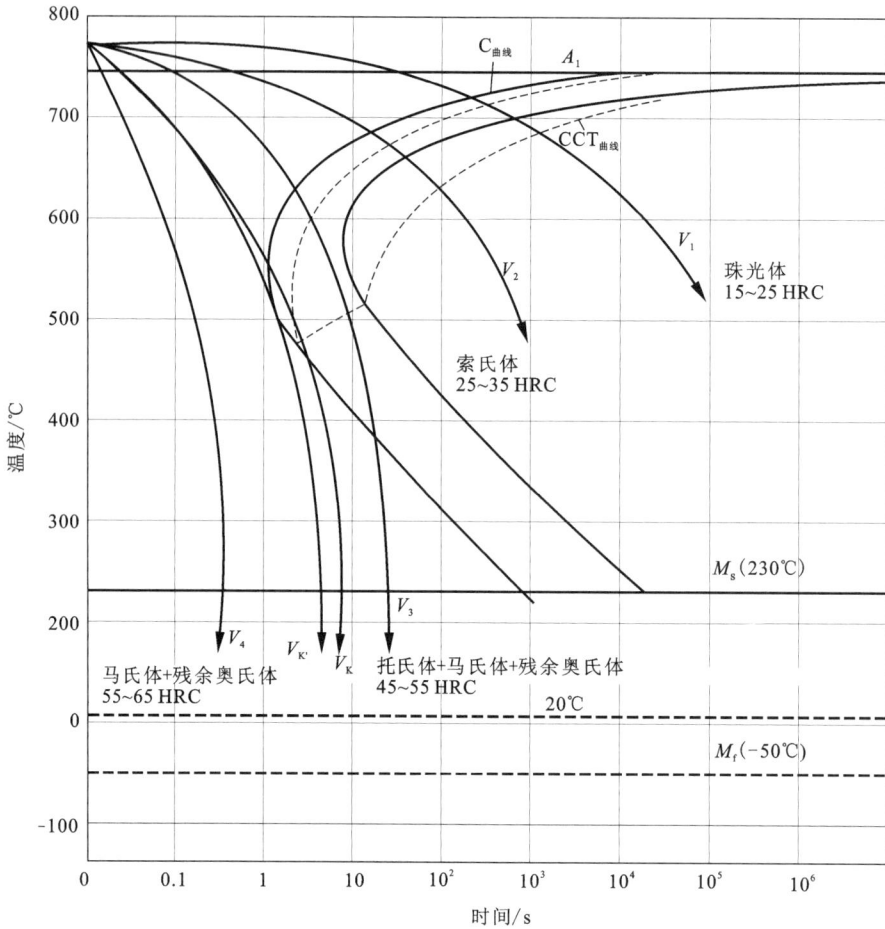

图4-2　共析钢 TTT 曲线(实线)和 CCT 曲线(虚线)的比较及其转变组织

下贝氏体:在350℃～M_s之间碳原子扩散能力更差,只能在铁素体内就近形成细小的条状碳化物,形成针状的下贝氏体($B_下$)。下贝氏体具有高的强度和硬度,以及良好的塑性和韧性,生产中常用等温淬火的方法来获得 $B_下$组织,以提高零件的强韧性。

③ 马氏体型转变(低温转变)

$A_过$在 M_s～M_f温度间的转变称为低温转变,转变产物为马氏体(M),故又称为马氏体转变。

4. 钢的热处理工艺

(1)退火:将钢加热到临界点(Ac_1、Ac_3)以上或以下的适当温度,保温一定时间,然后缓慢冷却的热处理工艺。钢经退火后将获得接近平衡状态的组织。

① 完全退火:将钢加热到 Ac_3 + (30～50℃),保温一定时间,然后随炉缓冷。

② 等温退火:将奥氏体化后的钢快冷至稍低于 A_1 温度,再保温足够时间,让 $A_过$ 完成等温分解转变为珠光体,然后出炉空冷。

③ 球化退火:将钢加热到 Ac_1 以上 20～30℃,保温足够时间后随炉缓冷或采用等温退火

的冷却方式。目的是使钢中碳化物球状化，获得球状珠光体的一种热处理工艺。

④ 不完全退火：将钢加热至 Ac_1 ~ Ac_3（亚共析钢）或 Ac_1 ~ Ac_{cm}（过共析钢）之间，经保温后缓慢冷却以获得接近于平衡组织的热处理工艺。

⑤ 去应力退火（低温退火）：主要是为了消除由于变形加工以及铸造、焊接过程引起的残余内应力而进行的退火。

⑥ 再结晶退火：将经过冷变形后的金属（如冷拔、冷拉及冷冲压件）加热到再结晶温度以上 100 ~ 200℃（一般为 650 ~ 700℃），适当保温后缓慢冷却的热处理工艺。

⑦ 扩散退火（均匀化退火）：将钢锭、铸件或锻坯加热到固相线以下 100 ~ 200℃ 的高温下长时间（10 ~ 15 h）保温，然后缓慢冷却以消除化学成分不均匀现象的热处理工艺。

（2）正火：将钢加热到 Ac_3 或 Ac_{cm} 以上 30 ~ 50℃，保温后在空气中冷却得到珠光体类型组织的热处理工艺。由于正火的冷速比退火快，所以得到较细小的索氏体组织。

（3）淬火：将钢加热到临界点 Ac_3（亚共析钢）或 Ac_1（过共析钢）以上某一温度，保温后以适当的方式冷却，以获得马氏体或下贝氏体组织的热处理工艺。

（4）回火：将淬火后的零件加热到低于 Ac_1 的某一温度并保温，然后冷却到室温的热处理工艺。

根据对钢件性能要求的不同和回火温度的不同，可将回火分为三类：

① 低温回火（150 ~ 250℃）：得到 M$_回$。目的在于保持高的硬度、强度和耐磨性的情况下，适当提高淬火钢的韧性和减少淬火内应力。回火后硬度一般可达到 55 ~ 64 HRC。主要用于各种高碳钢制作的切削工具、冷作模具、滚动轴承、精密量具、丝杠以及渗碳后淬火及表面淬火的零件等。

② 中温回火（350 ~ 500℃）：得到 T$_回$。目的是使淬火钢中的内应力大大减少，使钢的弹性极限和屈服极限显著提高，同时又具有足够的强度、塑性、韧性。主要用于各种弹簧钢、塑料模、热锻模及某些要求强度较高的零件，如刀杆、轴套等。中温回火后硬度为 35 ~ 50 HRC。

③ 高温回火（500 ~ 650℃）：得到 S$_回$。目的是得到高的强度和较高塑性、韧性相配合的综合力学性能。主要用于各种重要的结构零件，特别是在交变载荷下工作的连杆、螺栓、螺帽、曲轴和齿轮等零件。调质处理还可作为某些精密零件，如丝杠、量具、模具等的预备热处理，以减少最终热处理过程中的变形。调质处理后的硬度为 25 ~ 35 HRC。

5. 几个重要概念

淬硬性：指钢在正常淬火时所能达到的最高硬度值，表明钢的淬硬能力。

淬硬性主要取决于钢中的碳含量，与合金元素的关系不大。碳含量越高，钢的淬硬性越高。

淬透性：指钢在淬火时获得 M 的能力。

淬透性主要取决于钢的临界冷却速度，与工件尺寸、冷却介质无关。凡是使 C 曲线右移的因素都提高钢的淬透性。

淬透性通常用钢在一定条件下淬火所获得的淬硬层深度来表示。淬硬层深度规定为由工件表面至半马氏体区（50% 马氏体 + 50% 非马氏体）的深度。

同一材料的淬硬层深度与工件尺寸、冷却介质有关，工件尺寸小、介质冷却能力强，淬硬层深。

不同材料但尺寸相同的工件,在相同条件下淬火,淬硬层较深的钢,其淬透性较好。

调质处理:淬火＋高温回火。

第一类回火脆性(不可逆回火脆性):指钢在250～350℃范围内回火时出现的脆性。无论碳钢还是合金钢,这类回火脆性都存在,且无论回火冷却速度快慢,均不可避免。因冲击韧度显著降低,出现第一类回火脆性时大多为沿晶断裂。

第二类回火脆性(可逆回火脆性):指有些合金钢尤其是含Cr、Ni、Si、Mn等元素的合金钢,在450～650℃高温回火后缓冷时,冲击韧度下降。它仅产生于慢冷回火中,快冷则可避免,一般可通过重新加热到600℃以上,然后快冷来消除。

三、习题

1. 名词解释

钢的热处理、起始晶粒度、实际晶粒度、本质晶粒度、球化退火、索氏体、屈氏体、贝氏体、马氏体、奥氏体、过冷奥氏体、残余奥氏体、退火、正火、淬火、回火、淬透性、淬火临界冷却速度、淬硬性、调质处理、回火稳定性、二次硬化、回火脆性、渗碳、氮化、可控气氛热处理、激光热处理、表面变形强化

2.填空题

(1)钢的热处理工艺是由(　　　)、(　　　)和(　　　)三个基本过程组成的;热处理基本不改变钢件的(　　　),只能改变钢件的(　　　)和(　　　)。

(2)影响奥氏体形成过程的因素有(　　　)、(　　　)、(　　　)、(　　　)。

(3)共析钢过冷奥氏体向珠光体类型组织转变的温度范围在(　　　),此种转变是通过(　　　)原子和(　　　)原子扩散完成的。

(4)在常规加热条件下,亚共析钢随含碳量的增加,其C曲线向(　　　)移;过共析钢随含碳量的增加,其C曲线向(　　　)移。碳钢中以(　　　)钢的C曲线最靠右,故其淬透性(　　　)。

(5)在过冷奥氏体等温转变产物中,珠光体与屈氏体的主要相同点是(　　　),不同点是(　　　)。

(6)用光学显微镜观察,上贝氏体的组织特征呈(　　　)状,而下贝氏体则呈(　　　)状。

(7)马氏体的显微组织形态主要有(　　　)、(　　　)两种。其中(　　　)的韧性较好。

(8)钢的淬透性越高,则其C曲线的位置越(　　　),说明临界冷却速度越(　　　)。

(9)去应力退火可用来消除(　　　)件、(　　　)件、(　　　)件及(　　　)件中的残余应力。

(10)完全退火适用于(　　　)钢,其加热温度为(　　　),冷却方式为(　　　),得到(　　　)组织。

(11)球化退火加热温度在(　　　)＋(20～30℃),保温后(　　　)冷却,获得

(　　　　)组织。

(12)球化退火的主要目的是(　　　　)，它主要适用于(　　　　)钢。

(13)低碳钢正火，其加热温度为(　　　　)，该温度下的组织为(　　　　)；冷却方式为(　　　　)；该钢经正火后的组织为(　　　　)，相为(　　　　)。

(14)亚共析钢的正常淬火温度范围是(　　　　)，过共析钢的正常淬火温度范围是(　　　　)。

(15)钢的等温淬火是由(　　　　)转变成为(　　　　)组织，该组织是由(　　　　)相构成的，在光学显微镜下其形态为(　　　　)状。

(16)淬火钢进行回火的目的是(　　　　)，回火温度越高，钢的强度与硬度越(　　　　)。

(17)钢件淬火后回火，其温度范围是：低温回火为(　　　　)℃，中温回火为(　　　　)℃，高温回火为(　　　　)℃；其中以(　　　　)温回火后组织的硬度最高。

(18)中碳钢淬火后，再经低温回火后的组织为(　　　　)，经中温回火后的组织为(　　　　)，经高温回火后的组织为(　　　　)；淬火高温回火后具有(　　　　)性能。

(19)合金元素中，碳化物形成元素有(　　　　)。

(20)促进晶粒长大的合金元素有(　　　　)。

(21)除(　　　　)、(　　　　)外，几乎所有的合金元素都使 M_s、M_f 点下降，因此淬火后相同碳质量分数的合金钢与碳钢相比，残余奥氏体(　　　　)，使钢的硬度(　　　　)。

(22)一些含有合金元素(　　　　)的合金钢，容易产生第二类回火脆性，为了消除第二类回火脆性，可采用(　　　　)和(　　　　)。

(23)感应加热是利用(　　　　)原理，使工件表面产生(　　　　)加热的一种加热方法。

(24)零件渗碳后常采用的热处理有(　　　　)、(　　　　)和(　　　　)，渗碳件(成品)表层渗碳层厚度一般约为(　　　　)，表面硬度约为(　　　　)。

(25)氮化的主要目的是提高钢件表面的(　　　　)、(　　　　)、(　　　　)和(　　　　)等性能。

3. 是非题

(1)所有的合金元素均使 M_s、M_f 下降。　　　　　　　　　　　　　　　　(　　)

(2)Ac_1 表示奥氏体向珠光体平衡转变的临界点。　　　　　　　　　　　(　　)

(3)正常热处理条件下，过共析钢随含碳量增加，其过冷奥氏体的稳定性也增加。

(　　)

(4)生产中，应用下贝氏体，不用上贝氏体，是因为下贝氏体的强韧性比上贝氏体高。　　　　　　　　　　　　　　　　　　　　　　　　　　　　　(　　)

(5)马氏体是碳在的 $\alpha - Fe$ 中的过饱和固溶体。当奥氏体向马氏体转变时，体积要收缩。　　　　　　　　　　　　　　　　　　　　　　　　　　　(　　)

(6)马氏体的含碳量越高，其正方度 a/c 也越大。　　　　　　　　　　　(　　)

(7)当把亚共析钢加热到 Ac_1 和 Ac_3 之间的温度时，将获得由铁素体和奥氏体构

成的两相组织,在平衡条件下,其中奥氏体的碳质量分数总是大于钢的碳质量分数。( )

(8)当原始组织为片状珠光体的钢加热奥氏体化时,细片状珠光体的奥氏体化速度要比粗片状珠光体的奥氏体化速度快。( )

(9)球化退火可使过共析钢中严重连续网状二次渗碳体及片状共析渗碳体得以球状化。( )

(10)当共析成分的奥氏体在冷却发生珠光体转变时,温度越低,其转变产物组织越粗。( )

(11)临界淬火冷却速度(V_K)越大,钢的淬透性越高。( )

(12)所有的合金元素都能提高钢的淬透性。( )

(13)高合金钢既具有良好的淬透性,也具有良好的淬硬性。( )

(14)钢的淬透性高,则其淬透层的深度也越大。( )

(15)为了保证淬硬,碳钢和合金钢都应该在水中淬火。( )

(16)T12钢,正常淬火后马氏体的硬度比过热淬火后马氏体的硬度低。( )

(17)经退火后再高温回火的钢,能得到回火索氏体组织,具有良好的综合机械性能。( )

(18)退火与正火在工艺上的主要区别是正火的冷却速度大于退火。( )

(19)T10钢正常淬火、低温回火得到回火马氏体,所以硬且耐磨。( )

(20)回火索氏体具有良好的强韧性,因此它比回火屈氏体的强度、韧性均高。( )

(21)60Si2Mn钢比T12和40钢有更好的淬透性和淬硬性。( )

(22)用同一钢料制造的截面不同的两个零件,在相同条件下进行淬火,小件比大件的淬硬层深,故钢的淬透性好。( )

(23)感应加热表面淬火时,电流频率越高,淬硬层越深。( )

(24)表面淬火既能改变钢的表面组织,也能改善心部的组织和性能。( )

(25)在930℃下,碳原子容易渗入钢的表面,是因为在该温度下,钢具有体心立方晶格,溶碳量大。( )

4. 单选题

(1)珠光体向奥氏体转变时,奥氏体晶核最容易形成的位置为( )
A. 铁素体内　　　　　　　　B. 渗碳体内
C. 铁素体渗碳体相界面　　　D. 上述三种情况均可
(2)亚共析钢完全奥氏体化的温度应该在( )
A. Ar_1以上　　B. Ac_1以上　　C. Ar_3以上　　D. Ac_3以上
(3)奥氏体向珠光体的转变是( )
A. 扩散型转变　　B. 非扩散型转变　　C. 半扩散型转变
(4)钢经调质处理后获得的组织是( )
A. 回火马氏体　　B. 回火屈氏体　　C. 回火索氏体
(5)共析钢的过冷奥氏体在550~350℃的温度区间等温转变时,所形成的组织是( )
A. 索氏体　　B. 下贝氏体　　C. 上贝氏体　　D. 珠光体
(6)若合金元素能使C曲线右移,钢的淬透性将( )

A. 降低　　　　　　　B. 提高　　　　　　　C. 不改变

(7)下述所列钢中, C 曲线(过冷奥氏体等温冷却转变曲线)最靠右的钢是(　　　)

A. 45　　　　　　　B. 60　　　　　　　C. T8　　　　　　　D. T12

(8)马氏体的硬度取决于(　　　)

A. 冷却速度　　　　B. 转变温度　　　　C. 碳含量

(9)15 钢零件正常淬火后, 其马氏体形态为(　　　)

A. 针片状　　　　　B. 针片状和板条状　　C. 板条状　　　　　D. 粗片状

(10)65 钢零件正常淬火后, 其马氏体形态为(　　　)

A. 针片状　　　　　B. 针片状和板条状　　C. 板条状　　　　　D. 粗粒状

(11)完全退火主要适用于(　　　)

A. 亚共析钢　　　　B. 共析钢　　　　　C. 过共析钢

(12)完全退火的加热温度范围在(　　　)

A. Ac_1 以下　　　B. $Ac_1 \sim Ac_3$ 之间　　C. Ac_3 以上　　　D. Ac_{cm} 以上

(13)一般碳钢球化退火的温度常选在(　　　)

A. $Ac_1 + 20 \sim 30℃$　　　　　　B. $Ac_3 + 20 \sim 30℃$

C. $Ac_{cm} + 20 \sim 30℃$　　　　　D. $Ac_{cm} + 50 \sim 80℃$

(14)共析钢片状珠光体的硬度(　　　)球状珠光体的硬度。

A. 大于　　　　　　B. 小于　　　　　　C. 等于　　　　　　D. 无法确定

(15)钢的淬透性主要取决于(　　　)

A. 碳含量　　　　　B. 冷却介质　　　　C. 合金元素

(16)钢的淬硬性主要取决于(　　　)

A. 碳含量　　　　　B. 冷却介质　　　　C. 合金元素

(17)淬硬性好的钢(　　　)

A. 具有高的合金元素含量　　　　　B. 具有高的碳含量

C. 具有低的碳含量

(18)对形状复杂、截面变化大的零件进行淬火时, 应选用(　　　)

A. 高淬透性钢　　　B. 中淬透性钢　　　C. 低淬透性钢

(19)直径为 10 mm 的 40 钢的常规淬火温度大约为(　　　)

A. 750℃　　　　　B. 850℃　　　　　C. 920℃

(20)直径为 10 mm 的 40 钢在常规淬火温度加热再水淬后的显微组织为(　　　)

A. 马氏体　　　　　B. 铁素体 + 马氏体　C. 马氏体 + 珠光体

(21)40 钢在 $Ac_1 + (30 \sim 50℃)$ 淬火组织中的马氏体硬度比在 $Ac_3 + (30 \sim 50℃)$ 淬火组织中的马氏体硬度(　　　)

A. 高　　　　　　　B. 低　　　　　　　C. 相等　　　　　　D. 无法确定

(22)作为淬火介质, 油、水、盐水的冷却能力为(　　　)

A. 依次降低　　　　B. 依次升高　　　　C. 先升高后降低　　D. 先降低后升高

(23)两个截面尺寸相同的碳钢大件, 淬水获得的淬硬层深度比淬油的淬硬层深度(　　　)

A. 大　　　　　　　B. 小　　　　　　　C. 相近　　　　　　D. 不能确定

(24) 钢的回火处理是在( )

A. 退火后进行   B. 正火后进行   C. 淬火后进行

(25) 调质处理是在淬火后再进行( )

A. 低温回火   B. 中温回火   C. 高温回火   D. 时效

(26) 下面所列组织中, 硬度最高的是( )

A. 下贝氏体   B. 回火屈氏体   C. 针片状马氏体   D. 板条状马氏体

(27) 高频淬火所用的电流频率一般为( )

A. 50 Hz   B. 500 ~ 2500 Hz   C. 8000 ~ 10000 Hz   D. 200 ~ 300 kHz

(28) 高频淬火的淬硬层深度一般为( )

A. 1 ~ 2 mm   B. 5 ~ 10 mm   C. > 10 mm   D. > 20 mm

(29) 20 钢的渗碳温度范围是( )

A. 600 ~ 650℃   B. 800 ~ 820℃   C. 900 ~ 950℃   D. 1000 ~ 1050℃

(30) 渗碳后零件的表层含碳量一般在: ( )

A. 0.7% 左右   B. 1.0% 左右   C. 1.3% 左右   D. 1.5% 左右

5. 综合分析题

(1) 什么叫热处理? 热处理与其他加工方法的区别是什么?

(2) 指出共析碳钢加热时奥氏体形成的几个阶段; 并说明亚共析碳钢及过共析碳钢奥氏体形成的主要特点。

(3) 热轧空冷的 45 钢钢材在重新加热到超过临界点后再空冷下来时, 组织为什么能细化?

(4) 珠光体类型组织有几种? 它们在形成条件、组织形态性能方面有何特点?

(5) 贝氏体类型组织有哪几种? 它们在形成条件、组织形态和性能方面有何特点?

(6) 马氏体的本质是什么? 马氏体组织有哪几种基本类型? 它们的形成条件、晶体结构、组织形态、性能有何特点? 马氏体的性能与含碳量的关系如何?

(7) 试比较索氏体和回火索氏体、马氏体和回火马氏体之间在形成条件组织形态与性能上的主要区别。

(8) 将 ϕ5 mm 的 T8 钢加热到 760℃ 并保温足够时间, 问采用什么样的冷却方式可得到如下组织: 珠光体、索氏体、下贝氏体、屈氏体 + 马氏体、马氏体。请在图 4 - 3 中选择对应的热处理工艺曲线示意图。

(9) 直径为 6 mm 的共析钢小试样加热到相变点 A_1 以上30℃, 用如图 4 - 4 所示的冷却曲线进行冷却, 分析其所得到的组织, 说明各属于什么热处理方法。

(10) 调质处理后的 40 钢齿轮, 经高频感应加热后的温度 T 分布如图 4 - 5 所示。试分析高频感应加热水淬后, 轮齿由表面到中心各区(I 、II 、III)的组织。

(11) 确定下列钢件的退火方法, 并指出退火目的及退火后的组织:

① 经冷轧后的 15 钢钢板, 要求降低硬度;

② ZG35 的铸造齿轮;

③ 锻造过热的 60 钢锻坯;

④ 改善 T12 钢的切削加工性能;

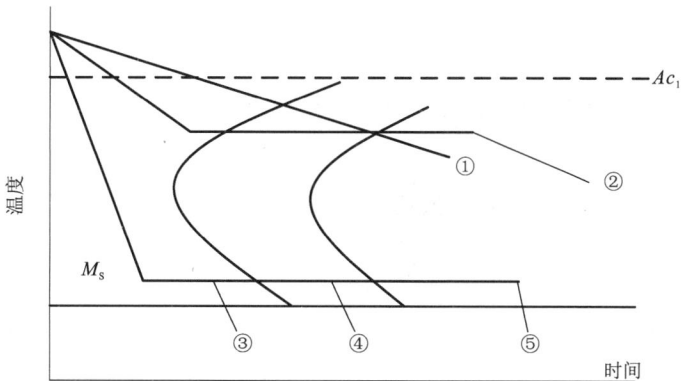

图 4 – 3 T8 钢热处理工艺曲线

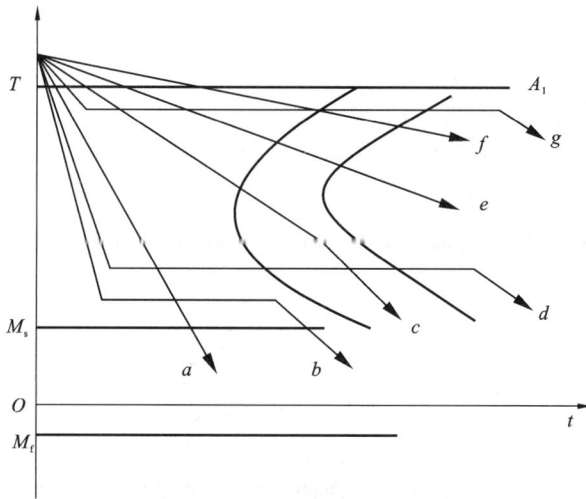

图 4 – 4 共析钢试样热处理工艺曲线

⑤ 弹簧钢丝(强化的)经冷卷成的弹簧;

⑥ 低碳钢钢丝多次冷拉之间;

⑦ T10 钢车床顶尖锻造以后。

(12)说明直径为 10 mm 的 45 钢试样分别经下列温度加热:700℃、760℃、840℃、1100℃,保温后在水中冷却得到的室温组织。

(13)常用的淬火方法有哪几种? 说明它们的主要特点及应用范围。

(14)淬火内应力是怎样产生的? 它与哪些因素有关?

(15)常用的淬火冷却介质有哪些? 说明其冷却特性、优缺点及应用范围。

(16)两个碳质量分数为 1.2% 的碳钢薄试样,分别加热到 780℃ 和 900℃,保温相同时间奥氏体化后,以大于淬火临界冷却速度的速度冷却至室温。试分析:

① 哪个温度加热淬火后马氏体晶粒较粗大?

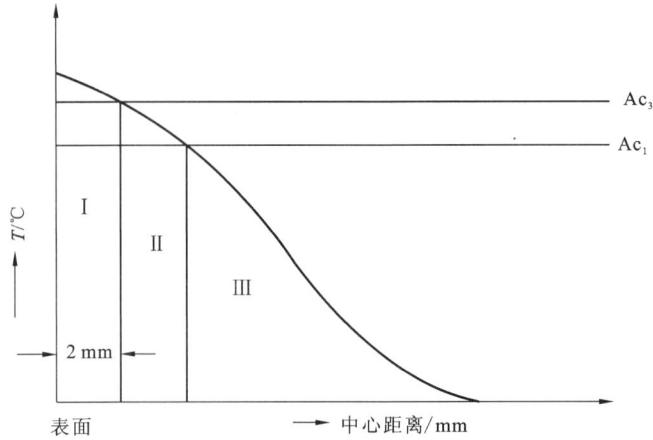

图 4-5　40 钢齿轮高频感应加热温度分布

② 哪个温度加热淬火后马氏体碳含量较少?

③ 哪个温度加热淬火后残余奥氏体较多?

④ 哪个温度加热淬火后未溶碳化物较多?

⑤ 你认为哪个温度加热淬火合适? 为什么?

(17)简述淬火钢在回火过程中的组织转变。

(18)指出下列工件的淬火及回火温度,并说出回火后获得的组织。

① 45 钢小轴 (要求综合机械性能好);

② 60 钢弹簧;

③ T12 钢锉刀。

(19)两根 45 钢制造的轴,直径分别为 10 mm 和 100 mm,在水中淬火后,横截面上的组织和硬度是如何分布的?

(20)甲、乙两厂生产同一种零件,均选用 45 钢,硬度要求 220～250 HB,甲厂采用正火,乙厂采用调质处理,均能达到硬度要求,试分析甲、乙两厂产品的组织和性能差别。

(21)有两块渗碳体呈粒状均匀分布的 T12 试样,分别加热到 750℃ 和 850℃,保温后以大于 V_K 的速度冷却到室温,试比较它们的组织,哪一个加热温度得到的组织性能好?

(22)试说明表面淬火、渗碳、氮化处理工艺在选用钢种、性能、应用范围等方面的差别。

(23)合金元素提高钢的回火稳定性的原因何在?

(24)什么是钢的回火脆性? 如何避免?

(25)钢经淬火后,为什么一般都要及时进行回火? 回火后钢的机械性能为什么主要是决定于回火温度而不是冷却速度? 淬火钢在回火时其组织性能变化的大致规律是什么?

(26)一些钢由奥氏体冷却时,可直接得到屈氏体、索氏体,为什么还要通过淬火＋回火来得到回火屈氏体和回火索氏体?

(27)什么是表面淬火? 它有什么特点? 在表面淬火之前通常采用什么热处理工艺? 试述感应加热零件淬硬层深度的确定原则,并指出在下列不同工作条件下的零件应选用淬硬层深度及相应的设备。

① 工作与摩擦条件下的零件；

② 承受扭曲、压力负荷的零件；

③ 承受扭曲、压力负荷的大型零件。

（28）渗碳的主要目的是什么？渗碳层深度一般是怎样规定的？怎样选择渗碳层深度？

（29）氮化的主要目的是什么？说明氮化的主要特点及应用范围。

（30）举出两个采用激光强化技术提高工件使用寿命的实际例子。

第5章　合金钢与铸铁

一、教学基本要求、重点与难点

(一)基本要求

(1)了解合金化原理及合金元素的作用;

(2)掌握合金钢的分类和编号方法;

(3)掌握常用的合金钢的特点及应用;

(4)掌握铸铁的特点和分类,石墨的形态和大小对铸铁性能的影响;

(5)了解铸铁的石墨化及其影响因素。

(二)重点

(1)钢的分类和编号方法;

(2)铸铁的石墨化及其影响因素;石墨的形态和大小对铸铁性能的影响;

(3)各类合金钢、铸铁牌号的识别、组织、性能、热处理特点及用途,每一种各列一两个典型牌号。

(三)难点

(1)合金元素对 $Fe-Fe_3C$ 相图和钢在加热及冷却时转变的影响;

(2)各类合金结构钢、合金工具钢和特殊性能钢的识别及用途。

二、主要内容

1.合金钢

(1)概念

合金钢是指在碳钢的基础上,有意识地加入一些合金元素的钢。

合金元素的加入,不仅能与钢中的铁素体、奥氏体、碳化物等相互作用,还会对 $Fe-Fe_3C$ 相图和钢的热处理及相变过程产生明显的影响,并且进一步改善了钢的组织与性能,拓宽了钢的应用领域。

(2) 合金元素在钢中的作用

杂质元素 S、P 是有害元素,S 能引起热脆性,P 能引起冷脆性。

加入钢中的合金元素,根据其与铁的相互作用不同,可溶入铁素体,起固溶强化作用;也可溶入渗碳体(形成合金渗碳体)或直接与碳结合形成新的碳化物。为获得良好的强化效果,合金元素要控制在一定的含量范围内,并非加入越多越好。位于元素周期表 Fe 以左的过渡族金属元素均能形成碳化物,这些碳化物的熔点、硬度、耐磨性以及稳定性都比渗碳体高。扩大奥氏体相区的元素(如 Ni、Co、Mn 等)使 A_1、A_3 点下降,E、S 点向左下方移动;缩小奥氏体相区的元素(如 Cr、Mo、W 等)使 A_1、A_3 点上升,E、S 点向左上方移动。合金元素的加入还影响钢的奥氏体化形成速度和晶粒度 C 曲线的位置、淬透性以及回火转变后的性能。

（3）合金钢分类

① 按用途分类

合金结构钢：主要用于制造各种机械零件、工程结构件等。

合金工具钢：可分为量具刃具钢、耐冲击工具钢、热作模具钢、冷作模具钢、无磁模具钢和塑料模具钢等。

特殊性能钢：可分为抗氧化用钢、不锈钢、耐磨钢、易切削钢等。

② 按合金元素分类

低合金钢：合金元素的总含量在 5% 以下；

中合金钢：合金元素的总含量在 5% ～10% 之间；

高合金钢：合金元素的总含量在 10% 以上。

③ 按金相组织分类

按平衡组织或退火组织分类，可分为亚共析钢、共析钢、过共析钢和莱氏体钢。

按正火组织分类，可分为珠光体钢、贝氏体钢、马氏体钢和奥氏体钢。

（4）合金钢的性能与应用

合金结构钢包括普通低碳合金钢、易切削钢、渗碳钢、调质钢、弹簧钢和滚动轴承钢等，它们的淬透性、强度和韧性大大优于碳素结构钢，具有较高的硬度、塑性、耐磨性和优良的综合机械性能，可用来制造重要的齿轮、螺杆、轴类、弹簧和轴承等零部件。

合金工具钢包括刃具钢、冷作模具钢、热作模具钢和量具钢等，它们一般含有较高的碳和合金元素质量分数，不但硬度和耐磨性高于碳素工具钢，还具有优良的淬透性、红硬性和回火稳定性。为了提高加工性能和为最终热处理做组织上的准备，一般采用球化退火作为合金工具钢的预先热处理。这类钢常被用来制作尺寸较大、形状较为复杂的各类刃具、拉丝模、冷挤模、热锻模、丝锥、量规、块规等。

特殊性能钢包括不锈钢、耐热钢和耐磨钢等，当碳的质量分数较低时，不锈钢和耐热钢的编号方法与工具钢等有所不同。为了提高钢的耐腐蚀性和耐热性，不锈钢和耐热钢含有较多的铬、镍等元素，可广泛用于化工设备、管道、气轮机叶片、医用器械等。根据组织的不同，耐热钢可分为珠光体耐热钢、铁素体耐热钢、奥氏体耐热钢和马氏体耐热钢。耐磨钢含有较高的锰，经过水韧处理后，塑性、韧性较高，硬度较低，但是在强烈的冲击载荷作用和较大的压力下，会出现加工硬化现象，硬度和耐磨性大幅度提高，具有"内韧外硬"的特点，广泛用于破碎机颚板、拖拉机、坦克履带等耐磨耐冲击零件。

（5）其他重要概念

热硬性(红硬性)：指钢在较高温度下，仍能保持较高硬度的能力。

固溶强化：溶质原子与基体原子大小不同，造成基体晶格畸变，产生一个弹性应力场。此应力场增加了位错运动的阻力，产生强化作用。

弥散强化：合金元素加入基体金属中，在一定条件下析出的第二相粒子。运动的位错遇到第二相粒子时，必须通过它，滑移变形才能继续进行，因此阻碍了位错的运动，产生了强化作用。

二次硬化：指含 W、Mo、V、Ti 量较高的淬火钢在 500～600℃ 温度范围回火时，其硬度并不降低反而升高的现象。

水韧处理：把钢加热至临界温度以上（约 1050～1100℃），保温一段时间，使钢中碳化物能全部溶解到奥氏体中去，然后迅速浸淬于水中冷却。水韧处理后组织转变为单一的奥氏体或奥氏体＋少量碳化物。

晶间腐蚀：是指仅发生在金属晶粒边界或其附近区域的一种腐蚀现象。它起始于金属表面，沿着晶界腐蚀出一条窄缝，晶粒本身没有被腐蚀。

2. 铸铁

（1）概念

铸铁是含碳量大于 2.11% 的多元铁基合金，是机械工程中应用最广的金属材料之一。工业上实际应用的铸铁一般指的是碳以游离石墨形式存在的各类铸铁。石墨具有简单六方晶体结构，结晶时易成为层片状，强度、硬度、塑性和韧性极低，但是石墨的存在会有效地改善铸铁的润滑性能、切削加工性能、摩擦磨损性能、减振性能和缺口敏感性。

（2）铸铁的石墨化及其影响因素

铸铁组织中石墨的形成过程称为石墨化。

在一定的化学成分和冷却条件下，铁碳合金可以按照 $Fe-G$ 相图直接析出石墨。铸铁的石墨化可分为三个阶段，根据其进行的程度，最终得 $P+G$、$F+P+G$ 和 $F+G$ 铸铁组织。

影响铸铁石墨化的主要因素是结晶过程中的冷却速度和化学成分。

① 冷却速度的影响：在实际生产中，往往存在同一铸件厚壁处为灰铸铁，而薄壁处却出现白口铸铁的情况。这种情况说明在化学成分相同的情况下，铸铁结晶时，厚壁处由于冷却速度慢，有利于石墨化过程的进行；薄壁处由于冷却速度快，不利于石墨化过程的进行。

② 化学成分的影响：C、Si、Al、Cu、Ni、Co 等元素促进石墨化，而 Cr、W、Mo、V、Mn、S 等元素阻碍石墨化。

（3）铸铁种类

根据铸铁在结晶过程中石墨化程度不同可将其分为三类：

白口铸铁：第一、第二、第三阶段的石墨化过程全部被抑制，完全按照 $Fe-Fe_3C$ 相图进行结晶而得到的铸铁，其中的碳全部以 Fe_3C 形式存在，铸铁组织中存在大量莱氏体，性能硬而脆，切削加工较困难，断口白亮。

灰口铸铁：第一、第二阶段的石墨化过程充分进行而得到的铸铁，其中碳主要以石墨形式存在，断口呈暗灰色，是工业上应用最多最广的铸铁。根据第三阶段石墨化进行的程度，最终得 $P+G$、$F+P+G$ 和 $F+G$ 铸铁组织。

麻口铸铁：第一、第二阶段的石墨化过程部分进行而得到的铸铁，其中一部分碳主要以石墨形式存在，另一部分以 Fe_3C 形式存在，其组织介于白口铸铁和灰口铸铁之间，断口呈黑白相间构成麻点。该铸铁含有不同程度的莱氏体，具有较大的硬脆性，切削加工困难。

根据铸铁中石墨的形态可将其分为四类：

灰铸铁：含较高的碳和硅，在金属基体上分布着片状石墨，因其缺口敏感性小，适宜制作承压较大的缸体、形状复杂的零件及导轨等。为了消除粗大的片状石墨对灰铸铁力学性能的影响，常加入硅铁等进行孕育处理，孕育铸铁的力学性能明显提高，可制造受力较大、形状较复杂的凸轮、汽缸等重要零件，热处理不会对灰铸铁的力学性能产生明显的影响，但可以消除内应力，改善切削加工性和磨损性能。

可锻铸铁：是白口铸铁通过石墨化退火得到的，碳和硅的含量受到了控制，在金属基体组织上分布有团絮状石墨。可锻铸铁有较高的强度、塑性和冲击韧性，适宜制作形状复杂、承受冲击载荷的机器壳体等薄壁铸件。

球墨铸铁：是铸铁件经过球化和孕育处理，金属基体组织上分布着球形石墨的铸铁。它的碳和硅的含量比灰铸铁高，锰、硫、磷含量较低。球墨铸铁的强度、塑性、韧性很高，屈强比优于钢，铸造性能、加工性能、磨损性能优良，成本低廉，常用作承受重载荷且受力复杂的曲轴、连杆、活塞等重要零件。球墨铸铁淬透性好，共析温度高，可通过退火、正火、调质、等温淬火等热处理手段来改善钢基体组织和性能。

蠕墨铸铁：在钢基体上分布着蠕虫状的石墨的铸铁。

（4）特殊性能铸铁

特殊性能铸铁是铸铁在熔炼时有意加入锰、硅、铬、钼等合金元素，得到具有耐磨、耐蚀或耐热特性的合金铸铁。其熔炼简单，生产方便，成本低，使用性能好，但是由于合金元素较多，脆性较大，力学性能不如钢。

三、习题

1. 名词解释

热硬性、石墨化、孕育（变质）处理、球化退火、石墨化退火、固溶处理

2. 填空题

（1）按用途分，合金钢可分为（　　　　　）钢、（　　　　　）钢、（　　　　　）钢。

（2）按合金元素总含量分，合金钢可分为（　　　　　）钢、（　　　　　）钢、（　　　　　）钢。

（3）写出下列钢的种类名称：35CrMnMo 为（　　　　　）钢，16Mn 为（　　　　　）钢，Y12 为（　　　　　）钢。

（4）写出下列各类钢的一个常用钢号：马氏体不锈钢（　　　　　），合金渗碳钢（　　　　　），合金弹簧钢（　　　　　），冷作模具钢（　　　　　），低合金结构钢（　　　　　），合金调质钢（　　　　　），滚动轴承钢（　　　　　），耐磨钢（　　　　　），高速钢（　　　　　），热作模具钢（　　　　　），易切削结构钢（　　　　　），奥氏体不锈钢（　　　　　），合金渗碳钢（　　　　　），合金工具钢（量具、刃具钢）（　　　　　），耐热钢（　　　　　）。

（5）刀具的使用性能要求主要是（　　　　　）、（　　　　　）和（　　　　　）。制造刀具的钢，其含碳量大体在（　　　　　）范围。

（6）1Cr18Ni9 可用于（　　　　　），钢中的平均含碳量大约为（　　　　　），空冷后的组织为（　　　　　），元素铬的主要作用是通过提高（　　　　　）来提高耐蚀性。镍的主要作用是（　　　　　）。

（7）高速钢加热至奥氏体状态后空冷可获得（　　　　　）组织，是因为（　　　　　）。高速钢多用于制造（　　　　　），也可用于制造（　　　　　）。

（8）轴（在滑动轴承中运转）类零件的主要失效形式有（　　　　　）、（　　　　　）和（　　　　　）等。

(9)齿轮的常见失效形式有(　　　　)、(　　　　)和(　　　　)等。

(10)20 是(　　　　)钢,可制造(　　　　)。

(11)9SiCr 是(　　　　)钢,可制造(　　　　)。

(12)5CrMnMo 是(　　　　)钢,可制造(　　　　)。

(13)Cr12MoV 是(　　　　)钢,可制造(　　　　)。

(14)T12 是(　　　　)钢,可制造(　　　　)。

(15)Q345 是(　　　　)钢,可制造(　　　　)。

(16)40Cr 是(　　　　)钢,可制造(　　　　)。

(17)60Si2Mn 是(　　　　)钢。

(18)GCr15 是(　　　　)钢,1Cr17 是(　　　　)。

(19)1Cr13 是(　　　　)钢,可制造(　　　　)。

(20)20CrMnTi 是(　　　　)钢,Cr、Mn 的主要作用是(　　　　),Ti 的主要作用是(　　　　),热处理工艺是(　　　　)。

(21)W18Cr4V 是(　　　　)钢,碳质量分数是(　　　　),W 的主要作用是(　　　　),Cr 的主要作用是(　　　　),V 的主要作用是(　　　　)。热处理工艺是(　　　　),最后组织是(　　　　)。

(22)0Cr18Ni9Ti 是(　　　　)钢,Cr、Ni 和 Ti 的作用分别是(　　　　)、(　　　　)和(　　　　)。

(23)可锻铸铁的生产过程是首先铸成(　　　　)铸件,然后再经过(　　　　)处理,使其组织中的(　　　　)转变成为(　　　　)。

(24)HT200 牌号中的 HT 表示(　　　　),200 为(　　　　)。

(25)KTH350 – 10 牌号中的 KTH 表示(　　　　),350 表示(　　　　),10 表示(　　　　),该铸铁组织应是(　　　　)。

(26)QT700 – 2 牌号中的 QT 表示(　　　　),700 表示(　　　　),2 表示(　　　　),该铸铁组织应是(　　　　)。

(27)球墨铸铁的生产过程是首先熔化铁水,其成分特点是(　　　　);然后在浇注以前进行(　　　　)和(　　　　)处理,才能获得球墨铸铁。

(28)球墨铸铁零件一般经过(　　　　)处理,可获得高塑性;经过(　　　　)处理,可提高强度;为了提高零件表面耐磨性,可进行(　　　　)热处理。

(29)与铸钢相比,普通灰口铸铁具有以下优异的使用性能(　　　　)、(　　　　)和(　　　　),但是(　　　　)差。

(30)与碳钢相比,铸铁的化学成分特点是(　　　　)、(　　　　)以及(　　　　)。

(31)根据(　　　　)划分,铸铁可分为白口铸铁、灰口铸铁、麻口铸铁;根据(　　　　)划分,铸铁可分为灰铸铁、可锻铸铁、球墨铸铁、蠕墨铸铁。

（32）铁碳合金为双重相图，即（　　　　）相图和（　　　　）相图。

（33）影响石墨化的因素主要有（　　　　）和（　　　　）。

（34）与白口铸铁相比，灰口铸铁的化学成分特点是（　　　　）、（　　　　）。

（35）普通灰口铸铁的抗拉强度主要取决于铸铁组织中的（　　　　），以及组织中的
（　　　　）。

（36）与碳钢相比，灰口铸铁的工艺性能特点是（　　　　）、（　　　　）和（　　　　）。

（37）普通灰口铸铁的减震性比球墨铸铁（　　　　），因此常用其制造（　　　　）件。

（38）尺寸精度要求比较高的灰口铸铁件，在切削加工以前应进行的热处理是
（　　　　）。当表面出现白口组织时，难以进行切削加工，应该用（　　　　）来消除。

3. 是非题

（1）调质钢的合金化主要是考虑提高其红硬性。　　　　　　　　　　　　（　　）

（2）T8 钢比 T12 钢和 40 钢有更好的淬透性和淬硬性。　　　　　　　（　　）

（3）奥氏体型不锈钢可采用加工硬化提高强度。　　　　　　　　　　　（　　）

（4）高速钢需要反复锻造是因为硬度高不易成形。　　　　　　　　　　（　　）

（5）T8 钢与 20MnVB 相比，淬硬性和淬透性都较低。　　　　　　　　（　　）

（6）18－4－1 高速钢采用很高温度淬火，其目的是使碳化物尽可能多地溶入奥氏
体中，从而提高钢的红硬性。　　　　　　　　　　　　　　　　　　　　（　　）

（7）奥氏体不锈钢的热处理工艺是淬火后低温回火处理。　　　　　　　（　　）

（8）低合金钢退火状态的室温基本相是铁素体和渗碳体。　　　　　　　（　　）

（9）溶入奥氏体中的所有合金元素，都能降低钢的淬火临界冷却速度。　（　　）

（10）各种渗碳钢制造的零件都可以在渗碳后进行直接淬火。　　　　　（　　）

（11）GCr15 钢可用于制造精密的零件、量具和冷作模具。　　　　　　（　　）

（12）9SiCr 钢适宜制造要求热处理变形小、形状复杂的低速薄刃刀具，如板牙、
铰刀。　　　　　　　　　　　　　　　　　　　　　　　　　　　　　　（　　）

（13）在 W18Cr4V 中合金元素的主要作用，钨是提高钢的淬透性，钒是提高钢的
热硬性，铬是细化晶粒。　　　　　　　　　　　　　　　　　　　　　　（　　）

（14）耐磨钢 ZGMn13 经水韧处理后，其金相组织是马氏体，因此硬度高、耐磨。（　　）

（15）1Cr18Ni9 比 1Cr13 钢的强度、硬度、塑性均高。　　　　　　　（　　）

（16）量具在使用和保存过程中的尺寸变化主要是因为残余奥氏体转变，马氏体
分解和残余应力松弛而引起的。　　　　　　　　　　　　　　　　　　　（　　）

（17）为保持量具的高精度，除正确选用材料外，还必须进行淬火、冷处理、低温
回火和人工时效处理。　　　　　　　　　　　　　　　　　　　　　　　（　　）

（18）45 钢是调质钢，不管用它做何种零件，都要进行调质处理。　　　（　　）

（19）不锈钢中的含碳量越多，则抗蚀性越好。　　　　　　　　　　　（　　）

（20）为满足热硬性的要求，量具和刃具常用最终热处理方法为淬火＋低温回火。

（　　）

（21）高速钢中的粗大碳化物可通过热处理使之细化。 （　　）

（22）5CrMnMo 钢制的小型热锻模，应进行淬火＋低温回火。 （　　）

（23）同一牌号的普通灰口铸铁铸件，薄壁和厚壁处的抗拉强度值是相等的。同一牌号的普通灰口铸铁铸件，薄壁和厚壁处的抗拉强度值是相等的。 （　　）

（24）可锻铸铁由于具有较好的塑性，故可以进行锻造。 （　　）

（25）普通灰口铸铁中的碳、硅含量愈高，则强度愈低，铸造性能愈差。 （　　）

（26）孕育铸铁（变质铸铁）中碳、硅含量较普通灰口铸铁高。 （　　）

（27）高强度灰口铸铁铁水，若不经过变质（孕育）处理，直接浇注成铸件，则容易产生白口组织。 （　　）

（28）高强度灰口铸铁变质（孕育）处理的目的仅仅是为了细化晶粒。 （　　）

（29）与 HT100 相比，HT200 组织中的石墨数量较多，珠光体的数量也较多。 （　　）

（30）HT150 制造机床床身，壁厚不论多厚，抗拉强度不低于 150 MPa。 （　　）

（31）铸铁中的石墨是简单六方晶格，其强度、塑性和韧性极低，几乎都为零。 （　　）

（32）铸铁中的石墨以片状存在时，在石墨片的尖端处导致应力集中，从而使铸铁韧性几乎为零。 （　　）

（33）当铸铁组织以铁素体为基体，其上分布有团絮状或球状石墨时，可获得较高的塑性。 （　　）

（34）珠光体基的球墨铸铁都具有较高的塑性、较低的强度。 （　　）

（35）可锻铸铁都具有较高强度、较低塑性。 （　　）

4. 单选题

（1）成分一定的合金钢，欲提高其淬透性，可用的方法有（　　　　）

A. 细化原始组织　　　　　　　　　　B. 减小零件的截面尺寸

C. 提高淬火加热温度　　　　　　　　D. 用冷却能力强的淬火剂

（2）为减轻重量，桥梁构件应该选用（　　　钢）。

A. Q235　　　　　B. 45　　　　　C. 16Mn　　　　　D. 20CrMnTi

（3）低淬透性合金渗碳钢零件的最终热处理是（　　　　　）

A. 正火　　　　　B. 表面淬火　　　　　C. 调质　　　　　D. 淬火＋低温回火

（4）20CrMnTi 钢中的钛在钢中的主要作用是（　　　　）

A. 提高钢的淬透性　　　　　　　　　B. 提高回火稳定性

C. 提高钢的强度　　　　　　　　　　D. 细化晶粒

（5）容易产生第二类回火脆性的钢是（　　　　）

A. 45　　　　　B. 40Cr　　　　　C. 65　　　　　D. T12

（6）在结构钢中加入硼元素是为了提高钢的（　　　）

A. 淬硬性　　　　B. 淬透性　　　　C. 回火稳定性　　　　D. 韧性

（7）可用作弹簧的钢是（　　　）

A. 20　　　　B. 9SiCr　　　　C. 60Si2Mn　　　　D. 20CrMnMo

（8）经过热成形制成的弹簧，其使用状态的组织是（　　　）

A. 珠光体　　　　B. 回火马氏体　　　　C. 回火屈氏体　　　　D. 索氏体

（9）GCr15 钢中的铬平均含量是（　　　）

A. 15%　　　　B. 1.5%　　　　C. 0.15%　　　　D. 0.015%

（10）T12A 钢锉刀使用状态的硬度应为（　　　）

A. 200 HBS(200 HB)　　　　B. 400 HBS(400 HB)

C. 100 HRB　　　　D. 62 HRC

（11）制造板牙常选用（　　　）钢。

A. 5CrNiMo　　　　B. Cr12MoV　　　　C. W18Cr4V　　　　D. 9SiCr

（12）制造手锯条应选用（　　　）钢。

A. T10　　　　B. CrWMn　　　　C. 45　　　　D. Cr12

（13）1Cr17 钢，按空冷后的组织分，应该属于（　　　）类型的钢。18 - 8 型铬镍不锈钢，按空冷后的组织分，应该属于（　　　）类型的钢。

A. 奥氏体　　　　B. 铁素体　　　　C. 珠光体　　　　D. 马氏体

（14）精密机床主轴在正常使用过程产生过量的弹性变形，这是由于钢的（　　　）

A. 硬度不足　　　　B. 强度过低　　　　C. 刚度差　　　　D. 组织不符合要求

（15）白口铸铁与灰口铸铁在组织上的主要区别是（　　　）

A. 无珠光体　　　　B. 无渗碳体　　　　C. 无铁素体　　　　D. 无石墨

（16）可锻铸铁通常用于制造较高强度或较高塑性的（　　　）

A. 薄壁铸件　　　　B. 薄壁锻件　　　　C. 厚壁铸件　　　　D. 任何零件

（17）为获得铁素体球墨铸铁，需对球墨铸铁零件进行（　　　）

A. 退火　　　　B. 正火　　　　C. 调质处理　　　　D. 变质处理

（18）尺寸精度要求较高的灰口铸铁零件，在铸造后需进行（　　　）

A. 正火　　　　B. 退火　　　　C. 去应力退火　　　　D. 调质处理

（19）为了获得最佳机械性能，铸铁组织中的石墨应呈（　　　）

A. 粗片状　　　　B. 细片状　　　　C. 团絮状　　　　D. 球状

（20）灰口铁铸件的加工表面太硬，难以进行切削加工，其组织是（　　　）

A. 铁素体 + 石墨　　　　B. 珠光体 + 石墨

C. 铁素体 + 珠光体 + 石墨　　　　D. 珠光体 + 渗碳体 + 莱氏体

（21）球墨铸铁在球化处理的同时还要进行孕育处理，否则将会产生（　　　）

A. 片状石墨　　　　B. 团絮状石墨　　　C. 球状石墨会长大　　D. 白口组织

(22)对铸铁石墨化,硫起(　　　　)作用。

A. 促进　　　　　　B. 阻碍　　　　　　C. 无明显作用　　　　D. 间接促进

(23)对铸铁石墨化,硅起(　　　　)作用。

A. 促进　　　　　　B. 强烈促进　　　　C. 阻止　　　　　　　D. 无明显作用

(24)孕育铸铁(变质铸铁)的组织为(　　　　)

A. 莱氏体 + 细片状石墨　　　　　　　B. 珠光体 + 细片状石墨

C. 珠光体 + 铁素体 + 粗石墨　　　　　D. 铁素体 + 细片状石墨

(25)在机械制造中应用最广泛、成本最低的铸铁是(　　　　)

A. 白口铸铁　　　　B. 灰口铸铁　　　　C. 可锻铸铁　　　　　D. 球墨铸铁

(26)铸铁中的大部分碳以片状石墨存在,这种铸铁称为(　　　　)

A. 白口铸铁　　　　B. 麻口铸铁　　　　C. 普通灰口铸铁　　　D. 可锻铸铁

(27)铁素体 + 石墨的铸铁,它的结晶过程是按照(　　　　)相图进行。

A. 铁 - 渗碳体　　　　　　　　　　　B. 铁 - 石墨

C. 先铁 - 渗碳体;后铁 - 石墨　　　　D. 先铁 - 石墨;后铁 - 渗碳体

(28)亚共晶铸铁结晶过程,在共析转变前按铁 - 石墨相图进行,在共析转变及其以后按铁 - 渗碳体相图进行,其组织是(　　　　)

A. 铁素体 + 石墨　　　　　　　　　　B. 铁素体 + 珠光体 + 石墨

C. 珠光体 + 石墨　　　　　　　　　　D. 珠光体 + 渗碳体 + 石墨

5. 综合分析题

(1)与碳钢相比,合金钢有哪些优点?

(2)在含碳量相同情况下,除了含镍、锰的合金钢外,大多合金钢的淬火加热温度比碳钢高,为什么?

(3)标明下列钢和铸铁所属的材料种类名称(例:40MnB 为"合金调质钢"):Q235、Q345(16MnRe)、10、20、T12A、20CrMnTi、35CrMo、40Cr、40CrNiMoA、60、65Mn、60Si2Mn、50CrVA、GCr9、GCr15、9Mn2V、9SiCr、CrWMn、W6Mo5Cr4V2、W18Cr4V、Cr12、Cr12MoV、5CrMnMo、5CrNiMo、1Cr13、4Cr13、1Cr18Ni9Ti、ZGMn13、HT200、QT800 - 2。

(4)为什么 W18Cr4V 钢锻造后经空冷能够获得马氏体组织?

(5)简述强化金属材料的途径。

(6)简述 ZGMn13 的耐磨原理。

(7)若采用 Q235A 制造渗碳零件,是否正确?为什么?

(8)用 45 钢制造渗碳件,是否合理?简述其理由。

(9)试述 CrWMn 低变形钢制造精密量具(块规)所需要的热处理工艺。

(10)用 Cr12MoV 钢制造冷作模具时，应如何进行热处理？生产工艺流程应为什么？

(11)简述合金元素对回火转变的影响。

(12)比较碳素工具钢、低合金工具钢、高速工具钢和硬质合金在热硬性上的差别。

(13)热锻模通常是用什么材料制造的？写出钢号。

(14)能否用 W18Cr4V 钢制造冷冲模？为什么？

(15)为改善切削加工性能，15Cr，20Cr2Ni4，40Cr，5CrMnMo，GCr15，W18Cr4V 钢应进行何种热处理？

(16)20 钢制造的活塞销，经渗碳淬火后应该采用什么温度回火？经回火后活塞销表层是什么组织和性能(硬度)？

(17)45 钢制造的连杆，要求具有良好的综合机械性能，试确定淬火、回火加热温度及淬火、回火后的组织。

(18)T10 钢制造的手锯条，要求具有高的硬度、耐磨性，试确定淬火、回火加热温度及淬火、回火后的组织。

(19)拟用 T10 钢制造形状简单的车刀，工艺流程为：锻造—热处理—机加工—热处理—精加工，写出各采用何种热处理工艺及原因，并制订最终热处理工艺规范(温度、冷却、介质)；指出淬火后的显微组织及硬度。

(20)从化学成分、组织、性能说明铸铁与钢的区别。

(21)铸铁中碳的存在形式有哪几种？它们对性能的影响如何？

(22)化学成分和冷却速度对铸铁石墨化和基体组织有什么影响？

(23)试述石墨形态对铸铁性能的影响。

(24)为什么一般机器的支架、机床的床身常用灰口铸铁制造？

(25)说明普通灰口铸铁的使用性能和工艺性能特点。

(26)指出普通灰口铸铁与球墨铸铁在石墨形态、机械性能和应用方面的主要区别。

(27)白口铸铁、灰口铸铁和钢，这三者在成分和组织上有什么主要区别？

(28)有一壁厚为 15～30 mm 的零件，要求抗拉强度和抗弯强度分别为 200 MPa 和 350 MPa，问选用何种牌号灰口铸铁制造为宜？

(29)铸铁的抗拉强度的高低主要取决于什么？硬度的高低主要取决于什么？用哪些方法可提高铸铁的抗拉强度和硬度？铸铁的抗拉强度高，其硬度是否也一定高？为什么？

(30)为什么可锻铸铁适宜制造薄壁零件，而球墨铸铁却不适宜？

(31)某铸造车间浇铸一批灰口铸铁件(厚薄均匀)，在切削加工时发现其表层过硬，试分析造成这种现象的原因，提出补救方法并对这种铸件今后生产提出改进意见。

(32)说明以下材料的牌号含义：QT450－5，KT370－12，KTZ700－2，HT200。

第6章　非铁金属材料

一、教学基本要求、重点与难点

(一)基本要求

(1)掌握铝及铝合金、铜及铜合金、钛及钛合金、轴承合金的分类、化学成分、性能特点和主要用途;

(2)掌握纯铝、形变铝合金和铸造铝合金的成分、性能和热处理特点及其应用;

(3)掌握铜的合金化及其强化途径,了解纯铜、黄铜、青铜和白铜的成分、性能和热处理特点及其应用;

(4)了解滑动轴承合金的工作条件、性能要求,了解粉末冶金材料的特点。

(二)重点

(1)铝合金和铜合金的分类及性能特点;

(2)每一种合金各列出一两个典型牌号;

(3)铝合金的热处理特点及铝硅合金变质处理的作用。

(三)难点

(1)形变铝合金和铸造铝合金的成分、性能和热处理特点及其应用;

(2)有色金属的固溶处理和时效强化的过程。

二、主要内容

1. 铝及铝合金

(1) 工业纯铝

工业纯铝为面心立方晶格,塑性好,可进行冷热压力加工。导电、导热性好,耐蚀性好。

(2) 铝合金

① 铝合金概述

纯铝的强度、硬度很低,塑性及导电性、导热性很高。为了用作承载结构材料,在纯铝中加入硅、铜、镁、锌等元素,通过固溶强化、沉淀强化,可以大幅度提高强度,也可以在获得良好力学性能的同时改善铸造工艺性能。

② 铝合金的主要强化途径

为冷变形(加工硬化)、热处理(时效强化)、变质处理(细晶强化)。

铝合金既具有高强度又保持纯铝的优良性能,是航空、运输等行业广泛使用的轻质结构材料。可热处理强化铝合金的热处理方法为固溶处理＋时效,利用第二相析出提高强化效果。铸造铝硅合金可通过变质处理细化组织,提高性能。

③ 铝合金的分类及应用

铝合金可以分为形变铝合金和铸造铝合金:

形变铝合金，包括防锈铝、硬铝、超硬铝和锻铝等，加热到高温时可以形成单相固溶体，塑性较高，能进行冷、热加工，常用作飞机构件、叶轮、铆钉等。

铸造铝合金，包括 Al－Si 系、Al－Cu 系、Al－Mn 系和 Al－Zn 系等，组织中含有低熔点共晶，流动性较高，适宜铸造成型，常用作汽车、拖拉机的发动机零件和形状复杂的零件等。

2. 铜及铜合金

（1）工业纯铜

工业纯铜为面心立方晶格，塑性及导电性、导热性优良，耐大气、淡水腐蚀。纯铜的导电性、导热性仅次于银，塑性较高，强度较低，不能通过热处理强化。

（2）铜合金

① 铜合金的性能及应用

铜合金既提高了强度，又保持了纯铜的特性，在机械、动力等工业中得到广泛应用。

铜合金具有良好的铸造性能、冷热加工性能以及较高的强度、塑性、弹性、耐磨性等功能特性，常用于仪表、船舶、齿轮等有特殊性能要求的场合。

② 铜合金的分类

黄铜：锌为主要合金元素的铜合金称为黄铜；

白铜：镍为主要合金元素的铜合金称为白铜；

青铜：黄铜和白铜以外的铜合金均称为青铜，青铜有锡青铜、铝青铜和铍青铜等。

3. 钛及钛合金

（1）工业纯钛

纯钛密度小，塑性、低温韧性和耐蚀性好，有同素异构转变。

（2）钛合金的分类与应用

钛合金比纯钛强度高，又部分保留了纯钛的特性，主要用于航空航天、石油化工、舰船制造等工业领域。

根据退火组织，可将钛合金分为 α、β 和 $\alpha+\beta$ 三种类型，分别用符号 TA、TB、TC 加顺序号表示。应用最广、用量最大的钛合金是 $\alpha+\beta$ 型的 TC4（Ti－6Al－4V），其强度高，塑性、热强性、耐蚀性和低温韧性良好，用于制造飞机压气机叶片、火箭发动机外壳及舰船耐压壳体等。

4. 轴承合金

（1）轴承合金概念

滑动轴承是机器中用以支撑轴进行运转的零件，一般滑动轴承是由轴承体和轴瓦组成，制造轴瓦及其内衬的合金称为轴承合金。

（2）轴承合金的性能要求

① 有足够的抗压强度和疲劳强度；

② 有足够的塑性和韧性；

③ 低的摩擦系数；

④ 有良好的导热性和较小的膨胀系数。

（3）常用的轴承合金

常用的轴承合金按化学成分不同可分为锡基轴承合金、铅基轴承合金、铜基轴承合金、铝基轴承合金和铁基轴承合金，其中锡基和铅基轴承合金又称为巴氏合金。

（4）轴承合金的应用

　　轴承合金一般在铸态下使用，其组织一般是软（硬）基体上分布着硬（软）的质点，能有效地发挥材料的潜力。

　　为了节约有色金属，提高轴承合金的疲劳强度、承载能力、耐热性和使用寿命等，常在钢制轴瓦上镶铸轴承合金，形成"双金属"结构或"三金属"结构的轴承合金。轴承合金广泛应用于汽车、拖拉机、汽轮机的高速轴轴瓦。

5. 粉末冶金材料

　　粉末冶金是一种制取金属粉末，采用成形和烧结工艺将金属粉末（或金属粉末与非金属粉末的混合物）制成制品的工艺技术。

　　粉末冶金的特点：①某些特殊性能材料的唯一制造方法；②可直接制出尺寸准确、表面光洁的零件，是少切削甚至无切削生产工艺；③节约材料和加工工时，成本低；④制品强度较低；⑤流动性较差，形状受限制；⑥压制成形的压强较高，制品尺寸较小；⑦压模成本较高。

三、习题

1. 名词解释

　　变形铝合金、铸造铝合金、时效硬化、自然时效、人工时效、GP区、过时效、铜的热脆和冷脆、青铜、钛的同素异构转变、滑动轴承合金、粉末冶金、硬质合金

2. 填空题

　　（1）ZL102属于（　　　　　）合金，一般用（　　　　　）工艺方法来提高强度。

　　（2）H70属于（　　　　　）合金，其组织为（　　　　　），一般采用（　　　　　）来提高强度。

　　（3）ZQPb30属于（　　　　　）合金，ZQ表示（　　　　　），30表示（　　　　　），适宜制造（　　　　　）类零件。

　　（4）铝合金热处理是首先进行（　　　　　）处理，获得（　　　　　）组织；然后经（　　　　　）过程使其强度、硬度明显提高。

　　（5）ZCHSnSb11-6属于（　　　　　）合金，ZCH表示（　　　　　），其中锡含量为（　　　　　）。

　　（6）QBe2属于（　　　　　）合金，可用（　　　　　）热处理提高强度。

3. 是非题

　　（1）铝合金热处理也是基于铝具有同素异构转变。　　　　　　　　　　　　（　　）

　　（2）LF21是防锈铝合金，可用冷压力加工或淬火、时效来提高强度。　　　（　　）

　　（3）ZL109是铝硅合金，其中还含有少量的合金元素，可用热处理来强化，常用于制造发动机的活塞。　　　　　　　　　　　　　　　　　　　　　　　　　　（　　）

　　（4）LY12的耐蚀性比纯铝、防锈铝都好。　　　　　　　　　　　　　　　（　　）

　　（5）H70的组织为$\alpha+\beta'$，具有较高的强度、较低的塑性。　　　　　　（　　）

　　（6）铅黄铜中的铅主要用来提高铜合金的强度、硬度。　　　　　　　　　（　　）

　　（7）锡基轴承合金比铜基轴承合金（锡青铜）的硬度高，故常用于制造整体轴套。（　　）

　　（8）锡青铜铸造时容易产生缩松、偏析，因此适宜制造滑动轴承。　　　　（　　）

4. 单选题

(1) 提高 LY11 零件强度的方法通常采用(　　　)

A. 淬火 + 低温回火　　B. 固溶处理 + 时效　　C. 变质处理　　　　　D. 调质处理

(2) 为了获得较高强度的 ZL102(ZAlSi12)零件，通常采用(　　　)

A. 调质处理　　　　　　B. 变质处理　　　　　C. 固溶处理 + 时效　　D. 淬火 + 低温回火

(3) H62 属于(　　　)相黄铜。

A. 单　　　　　　　　　B. 两　　　　　　　　C. 三　　　　　　　　D. 固溶体 + 金属化合物

(4) ZCHSnSn11 – 6 合金的组织是属于(　　　)

A. 软基体软质点　　　　B. 软基体硬质点　　　C. 硬基体软质点　　　D. 硬基体硬质点

(5) 为防止黄铜的应力腐蚀破坏可采用(　　　)

A. 去应力退火　　　　　B. 固溶处理　　　　　C. 调质处理　　　　　D. 水韧处理

(6) 铸造人物铜像，最好选用(　　　)

A. 黄铜　　　　　　　　B. 锡青铜　　　　　　C. 铅青铜　　　　　　D. 铝青铜

5. 综合分析题

(1) 如何根据相图对铝合金分类? 如果铝合金晶粒粗大，能否用重新加热的方法使其细化?

(2) 钢与铝合金的热处理强化方法有何区别?

(3) 铝硅合金为什么要采用变质处理?

(4) 铸造铝合金通常用什么处理方法提高其性能? 经过这种处理后其组织和性能有什么变化?

(5) 简述铝合金、钛合金的牌号方法。

(6) 钛合金有哪些性能特点? 举例说明它们的用途。

(7) 指出下列铜合金的类别、用途: H80、H62、HPb63 – 3、HNi65 – 5、QSn6.5 – 0.1、QBe2。

(8) 什么是青铜及黄铜? 与纯铜相比，这两种铜合金各有什么特点?

(9) 铝合金的淬火与钢的淬火有何异同? 从加热、冷却、组织强化作用等方面予以说明。

(10) 对用作滑动轴承内衬的轴承合金有哪些要求? 常用的轴承合金有哪几种? 各应用在什么场合?

(11) 试述下列几种金属材料"时效"的意义和作用:

① 形状复杂或大的灰铸铁件经 500 ~ 600℃ 的时效处理;

② 铝合金件(LC4)淬火后经 140℃ 的时效处理;

③ T10A 钢制造的一级精度丝杆经 150℃ 的时效处理。

(12) 航空、航天等设备上的受力件都要求具有较高的强度，以确保安全。但在实际选材中较少选用高强度合金钢，而是多选用铝合金、钛合金等强度不太高的合金材料，为什么? (提示: 材料比强度的概念和应用。)

(13) 粉末冶金技术有何特点?

(14) 粉末冶金材料能否制造大零件，如机床床身、基座等? 为什么?

(15) 硬质合金是如何分类的? 硬质合金的性能特点与应用如何?

第 7 章　非金属材料

一、基本要求、重点与难点

(一)基本要求

(1)掌握高分子材料的基本概念、合成方法及其结构与性能;

(2)掌握常用热塑性和热固性工程塑料的结构、性能及其在工程中的应用;

(3)了解工程塑料的基本组成和常用的成形方法;

(4)了解陶瓷材料的基本概念、组织结构及性能;

(5)掌握几种常用的陶瓷材料的晶体结构、显微结构及其对陶瓷材料性能的影响;

(6)了解陶瓷材料的脆性、产生原因及改善方法;

(7) 了解常用工程陶瓷的性能及其在工程中的应用。

(二)重点

(1) 高分子材料的基本概念、合成方法及其结构与性能;

(2) 常用热塑性和热固性工程塑料的结构、性能及其在工程中的应用;

(3) 几种常见的陶瓷材料的晶体结构、显微结构及其对陶瓷材料性能的影响;

(4) 复合材料的概念、合成方法及其结构与性能。

(三)难点

(1) 非金属材料的特点(与金属材料相对照);

(2) 复合材料的原理。

二、主要内容

1. 高分子材料

(1)高分子材料的定义

高分子材料是指以高分子化合物为主要成分的材料,是指相对分子质量很大的有机化合物,常称为聚合物或者高聚物,相对分子质量一般在 5000 以上。

(2)高分子材料的性能

高分子化合物具有很多独特的性能,如高的耐蚀性、耐磨性、绝缘性能,比强度高,密度小等,从而在现代工业中得到充分应用。材料的性能与其结构之间的关系是密不可分的。高分子的特殊性能在很多情况下是由其所具有的链状结构决定。

由于合成条件的不同,使得高分子化合物的聚合度不同,导致了高分子化合物具有多分散性。高分子化合物的分子具有不同的构型:线型、支链型和网状型等几种,从而使高分子化合物具有热塑性和热固性之分。

在不同的温度下,高分子化合物具有不同的物理状态:玻璃态、高弹态、黏流态。

(3)常用的高分子材料

塑料：

① 塑料是以天然或者合成的高分子化合物为主要成分，加入各种添加剂所制成的有机高分子材料。塑料大多是由合成树脂和其他添加剂组成，其中合成树脂是塑料的主要成分。

② 添加剂主要有以下几种：填充剂、增塑剂、固化剂、稳定剂、着色剂、润滑剂、稀释剂、发泡剂、防静电剂、阻燃剂、芳香剂等。

③ 塑料的性能：密度小、比重度高、化学稳定性高、绝缘性好、减摩性好、减振、消音、耐磨性好、生产效率高、成本低。

④ 塑料的种类很多，按性能不同可以分为热塑性塑料和热固性塑料，按使用范围不同可以分为通用塑料与工程塑料。

⑤ 工程塑料：工程塑料是在玻璃态下使用的高分子材料，由树脂和各种添加剂组成。工程塑料的优点是相对密度小，耐蚀性、电绝缘性、减摩性、耐磨性好，并有消音、减振功能。缺点是刚性、耐热性差、强度低、热膨胀系数大、导热系数小、蠕变温度低、易老化。

常用的工程塑料有：聚氯乙烯、聚苯乙烯、聚烯烃、酚醛塑料、氨基塑料、聚甲醛、聚酰胺、聚碳酸酯、ABS、聚四氟乙烯、聚三氟乙烯、有机硅树脂、环氧树脂等。

橡胶：

① 橡胶是一种天然的或人工合成的高分子弹性体，与塑料的区别是在较宽的温度范围内处于高弹态，保持明显的高弹性。橡胶的主要成分是生胶。

② 橡胶的性能：具高弹性、优良的伸缩性和积蓄能量的能力，以及良好的耐磨性、隔音性及阻尼性；但其耐寒性、耐臭氧化性及耐辐射性较差。

③ 橡胶的分类：按橡胶的原料来源不同可分为天然橡胶和合成橡胶；按橡胶的应用范围不同可分为通用橡胶和特种橡胶。

④ 常用的橡胶：异戊橡胶、丁苯橡胶、氯丁橡胶、顺丁橡胶、丁基橡胶等。

⑤ 橡胶广泛用于制造密封件、减振器、轮胎、电线等。

2. 陶瓷材料

（1）陶瓷材料概述

陶瓷材料是金属和高聚合物以外的无机金属材料的通称，一般至少由两类元素组成：一类是非金属元素或非金属固体元素，另一类是金属元素或另一类非金属固体元素。

陶瓷是由金属与非金属元素之间形成的化合物，其结构键主要是离子键或共价键。其结合强度高，而且陶瓷的滑移系少，位错的柏氏矢量大，位错的点阵阻力高，位错运动困难，导致其脆性大，抗热震性差。可以通过细化晶粒、相变增韧等方法减少陶瓷的脆性。

按使用的原材料可以将陶瓷材料分为普通陶瓷和特种陶瓷两类。普通陶瓷主要用天然的材料和原料，而特种陶瓷则是用人工合成的材料做原料。陶瓷材料通常是由晶相、玻璃相和气相组成，其主要成分是氧化物、碳化物、氮化物、硅化物等，因而其结合键以离子键、共价键或两者的混合键为主。

（2）陶瓷材料的性能

① 力学性能：硬度高，耐磨性好，抗压强度高，抗拉强度低，塑性、韧性极低。

② 热性能：熔点高，高温强度优良，抗热震性低，热导率、热容量低。

③ 化学性能：具有很高的耐火性能及不可燃烧性，是非常好的耐火材料。

④ 电学性能：具有较高的电阻率、较小的介电常数和介电损耗，是优良的电绝缘材料。

（3）常用的工业陶瓷材料

普通陶瓷、氧化铝陶瓷、氮化硅陶瓷、碳化硅陶瓷、氮化硼陶瓷等。

3. 复合材料

（1）复合材料概述

复合材料是由两种或两种以上不同物理、化学性质或不同组织结构的材料经人工组合而成的一种新型多相固体材料。

复合材料既保持了各组分材料的性能特点，又通过叠加效应，使各组分之间取长补短，相互协同，形成优于原材料的特性，取得多种优异性能，这是任何单一材料都无法比拟的。

（2）复合材料的性能

复合材料是各向异性的非均匀材质材料，与传统材料相比，具有以下性能特点：

① 比强度、比模量高。比强度与比模量是指材料的强度、弹性模量与其密度之比。

② 减振性能好。

③ 高温性能优良。

④ 安全性好。

⑤ 抗疲劳性能好。

（3）复合材料的分类

① 按基体类型分类：

金属基复合材料、高分子基复合材料、陶瓷基复合材料。

② 按增强材料类型分类：

纤维增强复合材料、粒子增强复合材料、层叠复合材料。

③ 按复合材料用途分类：

结构复合材料、功能复合材料。

（4）常用的复合材料

① 纤维增强复合材料：纤维玻璃复合材料、炭纤维复合材料、金属纤维复合材料。

② 粒子增强复合材料。

③ 层叠复合材料：夹层结构复合材料、双层金属复合材料、金属－塑料多层复合材料。

4. 其他概念

玻璃态：当温度低于 T_g 时，高分子化合物是一种性质与玻璃相似的非晶态固体，称为玻璃态。

高弹态：当温度处于 T_g 到 T_f 之间时，高分子材料处于一种像橡胶那样的高弹性状态，称为高弹态。

黏流态：当温度高于 T_f 时，高分子材料将变成流动的黏流状态，称为黏流态。

玻璃化温度 T_g：高分子化合物玻璃态与高弹态间的转变温度。

黏流温度 T_f：高分子化合物高弹态与黏流态之间的转变温度。

热塑性塑料：线型聚合物，加热时可以熔融，并能溶于适当溶剂中。受热时可塑化，冷却时则固化成型，并且可以如此反复进行。

热固性塑料：体型聚合物，加热条件下发生了交联反应，形成网状或体型结构，再加热时不能熔融塑化，也不能溶于溶剂。

三、习题

1. 名词解释

热塑性塑料、热固性塑料、合成纤维、工程陶瓷、特种陶瓷、金属陶瓷、烧成、烧结、纤维复合材料、玻璃钢、增韧陶瓷、硬质合金

2. 填空题

(1)高分子材料主要包括(　　　　)、(　　　　)、(　　　　)和(　　　　)。

(2)塑料按树脂的性质分类可以分为(　　　　)和(　　　　);按使用范围分类可以分为(　　　　)、(　　　　)和(　　　　)。

(3)一般塑料的工作温度只有(　　　　),而耐热塑料最高工作温度可达(　　　　)。

(4)常用热塑性塑料是(　　)、(　　)、(　　)、(　　)、(　　)、(　　)、(　　)、(　　)和(　　)。

(5)常用热固性塑料是(　　　　)和(　　　　)。

(6)聚丙烯具有优良的耐蚀性,可用于制作(　　　　)等。

(7)聚苯乙烯泡沫塑料的相对密度只有(　　　　),是隔音、包装、打捞和救生的极好材料。

(8)ABS 塑料是三元共聚物,具有(　　　　)的特性,综合机械性能良好。

(9)聚四氟乙烯的突出优点是(　　　　)。

(10)酚醛塑料主要用于(　　　　)等。

(11)环氧塑料主要用于(　　　　)。

(12)常用合成纤维有(　　)、(　　)、(　　)、(　　)、(　　)和(　　)。

(13)涤纶的性能特点是(　　　　)。

(14)通用合成橡胶有(　　)、(　　)和(　　)。

(15)丁腈橡胶以耐油性著称,可用于制作(　　　　)等耐油制品。

(16)陶瓷材料分(　　)、(　　)和(　　)三类。

(17)陶瓷材料的一般生产过程包括(　　)、(　　)和(　　)。

(18)陶瓷材料的主要结合键是(　　　　)和(　　　　)。

(19)氧化物陶瓷熔点大多在(　　)℃以上,烧成温度约(　　)℃。

(20)氧化锆增韧陶瓷可以替代金属制造(　　)、(　　)、(　　)等。

(21)碳化硅陶瓷可制作(　　)、(　　)及(　　)等。

(22)复合材料是由(　　)相和(　　)相构成,(　　)相的(　　)、(　　)、(　　)及(　　)等对复合材料的性能有重要影响。

(23)结构复合材料是用于(　　)的复合材料,最常用的是(　　)。

(24)常用的纤维增强相有(　　)、(　　)、(　　)和(　　)。

(25)纤维增强相是复合材料中的( )，因此其( )和( )要高于基体材料。

(26)颗粒复合材料中基体相和颗粒相的作用分别是( )和( )。

(27)除了保留了组成材料的优点外，复合材料的突出特点是( )和( )高。

(28)非金属基复合材料分为( )基、( )基、( )基和( )基复合材料。

(29)玻璃钢是( )和( )的复合材料，分为( )和( )两大类。

(30)碳基复合材料的增强相主要是( )，该类材料除具有碳和石墨的特点外，还有优越的( )性能，是很好的( )，耐温高达( )℃。

3. 是非题

(1)陶瓷的塑性很差，但强度都很高。 ( )

(2)纯氧化物陶瓷在高温下会氧化。 ( )

(3)由于氧化铍陶瓷的导热性好，所以用于真空陶瓷、原子反应堆陶瓷，并用于制造坩埚。 ( )

(4)增韧氧化锆陶瓷材料可制作剪刀，既不生锈，也不导电。 ( )

(5)碳化物陶瓷不仅可用于2000℃以上的中性或还原气氛中的耐高温材料，也可用作氧化气氛中的耐高温材料。 ( )

(6)硼化物陶瓷比碳化物陶瓷的抗高温氧化能力强，可用于制造高温轴承等高温零件和器件。 ( )

(7)氮化硅陶瓷是优良的耐磨减摩材料、高温结构材料和耐腐蚀材料，但其抗氧化温度低于碳化物和硼化物陶瓷。 ( )

4. 单选题

(1)聚氯乙烯是一种( )

A.热固性塑料，可制作化工用排污管道　　B.热塑性塑料，可制作导线外皮等绝缘材料
C.合成橡胶，可制作轮胎　　D.热固性塑料，可制作雨衣、台布等

(2)PE是( )

A.聚乙烯　　　　　B.聚丙烯　　　　　C.聚氯乙烯　　　　　D.聚苯乙烯

(3)PVC是( )

A.聚乙烯　　　　　B.聚丙烯　　　　　C.聚氯乙烯　　　　　D.聚苯乙烯

(4)高压聚乙烯可用于制作( )

A.齿轮　　　　　B.轴承　　　　　C.板材　　　　　D.塑料薄板

(5)下列塑料中质量最轻的是( )

A.聚乙烯　　　　　B.聚丙烯　　　　　C.聚氯乙烯　　　　　D.聚苯乙烯

(6)有机玻璃与无机玻璃相比，透光度( )

A.较低　　　　　B.较高　　　　　C.相同　　　　　D.难以比较

(7)锦纶是一种合成纤维,其性能特点是(　　　)

A.强度高,弹性好,但耐磨性差　　　　　B.强度高,耐磨性好,但耐蚀性差

C.强度高,耐磨性好,耐蚀性好　　　　　D.耐磨性好,耐蚀性好,但强度低

(8)橡胶的弹性极高,其弹性变形量可达(　　　)

A.30%　　　　　　　　B.50%　　　　　　　　C.100%　　　　　　　　D.100% ~ 1000%

5.综合分析题

(1)塑料的主要成分是什么?它们各起什么作用?

(2)简介聚酰胺、聚甲醛和聚碳酸酯的性能特点和应用实例。

(3)为什么 ABS 塑料种类繁多且综合力学性能良好?

(4)试比较热塑性塑料和热固性塑料的性能特点和应用。

(5)陶瓷的主要优点有哪些?说明原因。

(6)影响陶瓷使用的主要缺点是什么?如何改善?

(7)普通日用陶瓷和工业陶瓷都有哪些?两者对性能的要求是什么?

(8)特种陶瓷的主要种类有哪些?

(9)特种陶瓷有哪些新发展?

(10)纤维增强和细粒复合材料的复合机制有何不同?通常情况下,纤维和细粒的增强效果哪个更好?为什么?

(11)为什么复合材料具有很好的抗疲劳强度?

(12)纤维复合材料抗断裂性能好的原因是什么?

(13)生产实际中如何改善玻璃钢的性能?

(14)碳基复合材料都有哪些特殊的应用?

第8章　失效分析、材料选择及热处理工艺

一、基本要求、重点与难点

（一）基本要求

（1）了解失效的概念、形式；

（2）了解失效分析的一般方法；

（3）了解零件设计中材料选择的基本原则；

（4）熟悉一些典型零件、工具的材料选择与热处理工艺。

（二）重点

（1）设计中材料选择的基本原则；

（2）典型零件、工具的材料选择与热处理工艺。

（三）难点

零件的失效分析。

二、主要内容

1. 失效形式

零件丧失其使用功能称为失效。零件常见的失效形式一般可以分为断裂失效、过量变形失效和表面损伤失效三大类。

断裂失效：因为零件承载过大或因疲劳损伤等原因发生破断。断裂方式有塑性断裂、疲劳断裂、蠕变断裂、低应力脆性断裂等。

过量变形失效：指零件变形量超过允许范围而造成的失效，主要有过量弹性变形失效和过量塑性变形失效两种。过量弹性变形失效会使零件失去有效的工作能力。过量塑性变形失效会使零件的尺寸和形状发生改变，从而破坏零件与零件之间的相对位置和配合关系，致使整个机器不能正常工作。

表面损伤失效：指零件的表面及附近材料失去正常工作所必需的形状、尺寸和表面粗糙度而造成的失效，主要有表面磨损失效、表面腐蚀失效和表面疲劳失效。

除以上几种失效形式外，材料的老化也会导致失效。

2. 失效原因

造成零件失效的因素很多，涉及零件的设计、选材、加工、装配及使用等。

（1）设计不合理：主要是结构或形状不合理。例如，零件上有尖角、缺口或过渡圆角太小时，会产生较大的应力集中而导致失效。

（2）选材不合理：主要指所用的材料不当，其性能不能满足工作条件的要求。

（3）加工工艺不当：主要指零件在冷、热加工过程中，由于采用的工艺方法不合理产生缺陷而导致失效。

（4）装配及使用不当：主要指在装配过程中，装配过紧、过松、对中不准、固定不稳等；在使用过程中，不按工艺规程操作、维修和保养，使得零件不能正常工作，造成零件的早期失效。

3. 选材的基本原则

选材的基本原则是所选材料的使用性能应能满足零件的使用要求，易加工，成本低，寿命高。即从材料的使用性能、工艺性能和经济性三方面进行综合分析。

（1）使用性能

① 分析零件的工作条件：一般根据零件在整机中的作用，先进行受力状态分析，并考虑零件的形状、大小及工作环境，再提出零件所选材料应具备的主要性能指标。

② 分析零件的失效形式：在设计之初，要对零件可能发生的失效原因进行全面分析，找到主要因素，从而确定零件所必须具备的主要使用性能指标。

③ 将对零件的使用性能指标要求转化为对材料的性能指标要求：根据零件的尺寸、工作时所承受的载荷计算应力分布，再根据工作应力、预期使用寿命与材料性能指标之间的关系，模拟试验或参考以往经验数据来具体量化性能指标值。

④ 材料预选：一是查手册；二是根据经验，参考同类零件的用材；三是直接选用新材料。

（2）工艺性能

选择材料时，一般除考虑使用性能，还要考虑工艺性能。

① 金属材料的工艺性能包括铸造性能、压力加工性能、焊接性能、切削加工性能和热处理性能等。

② 高分子材料的加工工艺比较简单，主要是成形加工。切削加工性能较好，与金属材料基本相同，但其导热性能差，在切削过程中不易散热，易使零件温度急剧上升，使热固性树脂烧焦，使热塑性材料变软。

③ 陶瓷材料加工主要是采用粉浆、热压、挤压等成形加工方法，切削加工性能差。

（3）经济性

经济性是指材料加工成零件，其生产和使用总成本最低。选材应立足于国内和较近地区的资源，考虑货源的生产和供应情况，所选材料的品种、规格应尽量少而集中，尽可能采用标准化、通用化的材料。

在金属材料中，碳钢和铸铁的价格比较低廉，而且加工方便，因此在满足零件性能要求的前提下，选用碳钢和铸铁能降低成本。以铁代钢，以铸代锻，以焊代锻，条件允许时甚至以工程塑料代替金属材料，这些办法均能有效降低零件成本，简化加工工艺。

三、习题

1. 名词解释

磨粒磨损、表面疲劳磨损、晶间腐蚀、疲劳断裂失效、蠕变失效、应力腐蚀失效

2. 填空题

（1）韧性断裂的宏观特征为（　　　　），微观特征是（　　　　）和（　　　　）。

（2）脆性断裂的宏观特征为（　　　　），且（　　　　），微观特征是（　　　　）和

（   ）。

（3）两个金属表面的（   ）在局部高压下产生局部（   ），使材料（   ）或（   ），这一现象称为粘着磨损。

（4）配合表面之间在（   ）过程中，应（   ）或（   ）的作用造成表面损伤的磨损称为磨粒（料）磨损。

（5）腐蚀失效包括（   ）、（   ）、（   ）等几种。

（6）机械零件选材的基本原则有（   ）、（   ）、（   ）。

（7）机械零件的使用性能指零件在使用状态下材料应该具有（   ）、（   ）和（   ）。

（8）零件材料的工艺性能原则是指材料的（   ）应满足（   ）的要求。

（9）性能要求较高的金属零件加工的工艺路线是（   ）→（   ）→（   ）→（   ）→（   ）→（   ）。

（10）对齿轮材料的性能要求是（   ）、（   ）和（   ）。

（11）齿轮材料的用材主要是（   ）、（   ）和（   ）。

（12）车床主轴常用（   ）钢制造，其热处理工艺是（   ）。

（13）汽车板簧常选用钢材为（   ）等。

（14）继电器簧片要求有好的弹性、导电性和耐蚀性，可用（   ）等制造。

（15）制造刀具的材料有（   ）。

（16）低速刀具钢可在（   ）的温度下使用，高速钢的切削温度可达（   ），硬质合金刀具的使用温度可达（   ），热压氮化硅和立方碳化硼陶瓷刀具的工作温度可达（   ）。

（17）手用钢锯锯条用（   ）钢制造，其热处理工艺是（   ）。

（18）牛头刨床刨刀用（   ）钢制造，其热处理工艺是（   ）。

（19）农用地膜采用（   ）制造，其主要优点是（   ）。

（20）磨车刀、刨刀刃口用的砂轮采用（   ）制造。

（21）空气开关壳体采用（   ）制造，其主要原因是（   ）。

（22）缸体用材一般为（   ），也可以用（   ）。

（23）缸套用材主要是（   ），常需对缸套表面进行处理，常用的表面处理方法是（   ）。

（24）常用活塞材料是（   ），并需对该材料进行（   ）处理。

（25）活塞销材料一般采用（   ），其表面需进行（   ）处理。

（26）连杆材料一般采用（   ）。

（27）化工压力容器常用钢种有（   ）、（   ）和（   ）等。

（28）汽车半轴材料一般为（   ）。

3. 综合分析题

（1）什么是零件的失效？零件的失效类型有哪些？分析零件失效的主要目的是什么？

（2）机械零件正确选材的基本原则是什么？

（3）为什么轴类、齿轮类零件多用锻件毛坯，而箱体类零件多采用铸件？

（4）表面损伤失效是在什么条件下发生的？通常以哪几种形式出现？

（5）机床变速箱齿轮常用中碳钢或中碳合金钢制造，它的工艺路线为：下料—锻造—正火—粗加工—调质—精加工—齿轮高频淬火及回火—精磨。试分析正火处理、调质处理和高频淬火及回火的目的。

（6）用 20CrMnTi 钢制造汽车齿轮，加工工艺路线为：下料—锻造—正火—切削加工—渗碳、淬火及低温回火—喷丸—磨削加工。试分析渗碳、淬火及低温回火处理、喷丸处理的目的。

（7）高精度磨床主轴，要求变形小，表面硬度高（显微硬度 > 900 HV），心部强度高，并有一定的韧性。问应选用什么材料，采用什么工艺路线？

（8）为以下零件选用合适的材料，并说明理由：垫圈、钳工用锯条、汽车油箱、窗钩、钟表发条、缝纫机针、家用菜刀、台虎钳钳口板及螺杆、自行车车架钢管。

（9）45 钢制 $\phi30$ mm 的机床主轴，在工作中承受弯曲、扭转应力及一定冲击震动，要求具有较好的强韧性，轴颈表面要求耐磨（50～55 HRC）。

① 试编制该件的简明工艺路线；

② 说明各热处理工序的作用，及在回火冷却中可能产生的缺陷及防止方法；

③ 说明在使用状态时的组织和硬度（包括轴颈部分）。

（10）车床的传动齿轮，工作中受力不大，转速中等，工作平稳，无强烈冲击，工作条件较好，因此，对强度和韧性要求均不高。齿轮心部要有较好的综合力学性能，表面具有较高的硬度、耐磨性和接触疲劳强度。现工厂库存有 45、20Cr、20CrMnTi、40Cr、ZG45、5CrNiMo、60Si2Mn 等钢材。

① 请为该齿轮选定合适的钢种；

② 说明选材的三大基本原则，并说明你的选材依据（理由）；

③ 制定合理的加工及热处理工艺路线并说明各热处理工艺的目的。

（11）T12 钢制造的锉刀，其工艺路线如下：下料（热轧钢板）—热处理—机加工—热处理—校直—成品。

① 写出各热处理工序的名称及其作用；

② 确定各热处理工序的加热温度范围及冷却介质；

③ 指出各热处理后的组织；

④ 说明锉刀在使用状态时的硬度。

（12）汽车、拖拉机发动机中的活塞销，要求表面硬、耐磨，58～62 HRC，工作中还承受较大的冲击载荷，试说明活塞销应该选用的材料，加工制造的工艺路线，各热处理工序的作用及活塞销在使用状态时的表层组织。

（13）某普通机床变速箱齿轮（模数为4），要求齿面耐磨（50～55 HRC），心部强度和韧性均不高，试选择材料，编写该齿轮加工制造的简明工艺路线，说明各热处理工序的作用及齿轮在使用状态时表面、心部的组织。

（14）38CrMoAlA 钢镗床镗杆，在滑动轴承中运转并承受重载荷，精度要求较高，该镗杆要求表面具有极高硬度、心部具有较高的综合机械性能，试编写该镗杆加工制造的简明工艺路线，说明各热处理工序的作用及在使用状态时表面硬度和心部组织。

（15）形状简单的车刀，用 T10 钢通过锻造、切削加工制成，试确定其预备热处理和最终热处理，说明各热处理工序的作用，并确定车刀最终热处理各工序的加热温度和冷却介质，说明该车刀在使用状态时的组织和大致硬度。

（16）欲制造一把高速切削用的铣刀，工作时的刀刃温度不超过600℃，试确定所用钢号、热处理技术要求，并且编制该铣刀加工制造的简明工艺路线并说明各热处理工序的特点及作用。

（17）一机床齿轮要求齿面硬、耐磨，心部具有较好的强韧性，原用40Cr钢、现用20Cr钢制造，试编写该齿轮原用的和现用的简明工艺路线及说明各热处理工序的作用，并且分析两种钢的齿轮机械性能不同之处。

（18）一发动机连杆螺栓（$\phi16$ mm），在工作时承受拉应力，要求高强度和较高的韧性，

① 试选用一种合适的钢；

② 写出简明工艺路线；

③ 说明在使用状态时的组织和大致硬度。

（19）用GCr15钢制造的精密量具，要求具有高的硬度、高的耐磨性、长期使用和保存过程中尺寸变化小。试编写该量具加工制造的简明工艺路线，说明各热处理工序的作用、在使用状态时的组织和大致硬度。

（20）用9SiCr钢制造的圆板牙要求具有高硬度、耐磨性和足够的强度、一定的韧性，并且要求热处理变形小。试编写其加工制造的简明工艺路线，说明各热处理工序的作用及板牙在使用状态时的组织和大致硬度。

（21）Cr12MoV钢制造的冲孔落料模，要求高硬度、高耐磨性以及足够的强度和韧性，还要求淬火变形小。试编写其加工制造的简明工艺路线，说明Cr12MoV钢模具毛坯锻造的目的和作用，并且分析如何达到淬火微变形。

（22）中型载重汽车半轴，工作时承受反复弯曲、扭转应力和冲击，要求具有良好的综合机械性能，试确定该半轴所用材料，制定其加工制造的简明工艺路线，说明半轴使用状态时的组织和大致硬度。

（23）中型拖拉机发动机曲轴要求具有较高的强度及较好的韧性，曲轴轴颈要求耐磨性好（50~55 HRC）。

① 选择材料并写出钢号；

② 制定加工制造的简明工艺路线；

③ 说明在使用状态时曲轴的组织和曲轴轴颈表面的组织。

（24）中型汽车变速箱齿轮，工作时承受较大载荷、冲击并且磨损严重，要求齿的心部具有较好的韧性和足够的强度，齿面具有高的耐磨性。试确定齿的表面和心部的硬度要求，确定所用材料的类别、牌号和热处理，说明其在使用状态时的组织。

（25）欲制造高速切削用钻头，试分析该钻头刃部的热处理技术要求，确定所用材料的类别和牌号，说明其热处理特点及刃部在使用状态时的组织。

第二部分

实验指导

实验守则

制定本守则，旨在使学生注意爱护实验设备、掌握正确的实验方法和认真进行实验操作，保证实验质量。

（1）实验前按实验指导书有关内容进行预习，了解本轮各个实验的目的、步骤及注意事项。

（2）按时上实验课，无故缺课的学生其实验成绩以零分计算。

（3）进入实验室，衣着整齐。除与本轮实验有关的书籍和文具外，其他物品不得携入室内。实验室内保持整洁、安静，严禁吸烟，不准乱扔纸屑，不准随地吐痰。

（4）实验中要严肃认真，操作仔细，安全用电。

（5）要爱护实验设备，节约使用消耗性用品。若设备发生故障，应立即报告教师进行处理，不得自行拆修。

（6）实验完毕，要切断设备的电源，清理实验场地，将所用的实验设备整理好，放回原处，认真书写实验报告。经教师同意后，方可离开实验室。

（7）凡不遵守实验守则经指出而不改正者，教师有权停止其实验。若情节严重，对实验设备造成损坏者，应负赔偿责任，并给以处分。

实验报告的内容和要求

实验报告是学生对实验的总结，是考核学生学习成绩和评估教学质量的重要依据。

学生对所做的实验应做到原理清楚，操作方法、步骤正确，实验结果比较可靠。

实验报告应由每个学生独立完成，书写工整，内容层次分明，文字简明通顺，图表清晰。

实验报告一般包括下列八项内容：

(1)实验名称；

(2)实验目的；

(3)实验设备；

(4)实验原理；

(5)实验步骤；

(6)实验记录；

(7)数据处理及相关结论；

(8)回答思考题。

按时递交实验报告。

实验一　铁碳合金平衡组织观察

一、实验目的

（1）了解常用台式金相显微镜的主要构造与使用方法，初步掌握利用金相显微镜进行显微组织分析的基本方法；

（2）观察和识别铁碳合金（碳钢和白口铸铁）在平衡状态下的显微组织特征；

（3）分析含碳量对铁碳合金平衡组织的影响，加深理解铁碳合金的成分、组织与性能之间的相互关系。

二、实验概述

研究金属组织的光学显微镜称为金相显微镜，它是由许多光学元件按一定要求组合而成的精密光学仪器。在本实验中通过讲解和实际操作使学生了解常用台式金相显微镜的基本原理、结构、使用和维护方法等。

利用金相显微镜观察金属的内部组织和缺陷的方法称为显微分析（或金相分析），在金相显微镜下所看到的组织称为显微组织，合金在极其缓慢的冷却条件（如退火状态）下所得到的组织称为平衡组织。铁碳合金的平衡组织可以根据 $Fe - Fe_3C$ 相图来进行分析。

由 Fe_3C 相图可知，所有的碳钢和白口铸铁在室温时的组织均由铁素体和渗碳体两相组成，但由于合金中的含碳量不同，铁素体和渗碳体的数量、形状、大小及分布状况也不相同，随着含碳量的增加，渗碳体量不断增加，铁素体量不断减少，而且渗碳体的形态和分布情况也发生变化，所以，不同成分的铁碳合金室温下具有不同的组织和性能。钢的组织以铁素体为基体，渗碳体为强化相，而且主要以珠光体的形式出现，使钢的强度和硬度提高，故钢中珠光体量愈多，其强度、硬度愈高，而塑性、韧性相应降低。但过共析钢中当渗碳体明显地以网状分布在晶界上，特别在白口铸铁中渗碳体成为基体或以板条状分布在莱氏体基体上，将使铁碳合金的塑性和韧性大大下降，以致合金的强度也随之降低。这就是高碳钢和白口铸铁脆性高的主要原因。

钢的力学性能随含碳量的变化规律如图1-1所示。当钢中含碳量小于0.9%时，随含碳量的增加，钢的强度、硬度直线上升，而塑性、韧性不断下降；当钢中含碳量大于0.9%时，因网状渗碳体的存在，不仅使钢的塑性、韧性进一步降低，而且强度也明显下降。为了保证工业上使用的钢具有足够的强度，并具有一定的塑性和韧性，钢中碳的质量分数一般都不超过1.4%。至于含碳量大于2.11%的白口铸铁，由于组织中出现大量的渗碳体，使性能硬而脆，难以切削加工，因此在一般机械制造中应用很少。

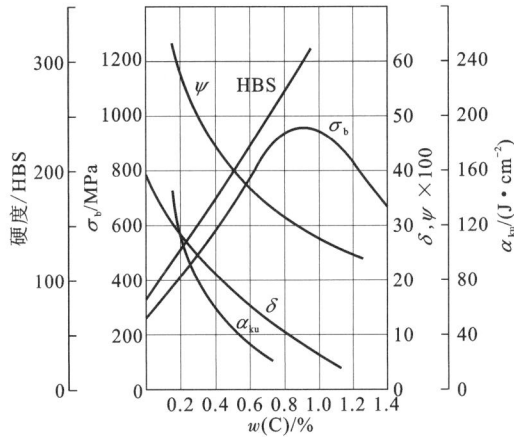

图 1 – 1　含碳量对钢的力学性能的影响

1. 室温下铁碳合金基本组织的显微组织特征

（1）铁素体（F）

铁素体是碳溶于 α – Fe 中形成的间隙固溶体。经 3% ~5% 的硝酸酒精溶液侵蚀后，在显微镜下为白亮色多边形晶粒。在亚共析钢中，铁素体呈块状分布；当含碳量接近于共析成分时，铁素体则呈断续的网状分布于珠光体周围。

（2）渗碳体（Fe_3C）

渗碳体是铁与碳形成的一种化合物。经 3% ~5% 的硝酸酒精溶液侵蚀后，渗碳体呈亮白色；若用苦味酸钠溶液侵蚀，则渗碳体呈黑色，而铁素体仍为白色，由此可以区别铁素体与渗碳体。由于铁碳合金中的成分和形成条件不同，渗碳体可以呈现不同的形状：一次渗碳体是由液相中直接析出，可以自由长大，呈粗大的片状；二次渗碳体是从奥氏体中析出的，呈网状分布。

（3）珠光体（P）

珠光体是铁素体和渗碳体的多相混合物。在平衡状态下，它是由铁素体和渗碳体相间排列的层片状组织。经 3% ~5% 硝酸酒精溶液侵蚀后，铁素体和渗碳体皆呈亮白色，但其边界被侵蚀而成黑色线条。在不同的放大倍数下观察时，组织特征则有所区别。在高倍（600 × 以上）下观察时，珠光体中平行相间的宽条铁素体和细条渗碳体都呈亮白色，而其边界呈黑色；在中倍（400 × 左右）下观察时，白亮色的渗碳体被黑色边界所"吞食"，而成为细黑条，这时看到珠光体是宽白条铁素体和细黑条渗碳体的相间混合物；在低倍（200 × 以下）下观察时，连宽白条的铁素体和细黑条的渗碳体也很难分辨，这时珠光体为黑色块状组织。

（4）变态莱氏体（Ld'）

变态莱氏体是珠光体和渗碳体所组成的多相混合物。经 3% ~5% 硝酸酒精溶液侵蚀后，变态莱氏体的组织特征是，在白亮色的渗碳体基体上相间分布着黑色点（块）状或条状珠光体。

2. 室温下铁碳合金的平衡组织

（1）工业纯铁

工业纯铁中碳的质量分数小于 0.0218%，其组织为单相铁素体，呈白亮色的多边形晶粒，晶界呈黑色的网络，晶界上有时分布着微量的三次渗碳体（Fe_3C_{III}）。工业纯铁的显微组织如图1-2所示。

（2）亚共析钢

亚共析钢中碳的质量分数为0.0218%~0.77%，其组织为铁素体和珠光体。随着钢中含碳量的增加，珠光体的相对量逐渐增加，而铁素体的相对量逐渐减少。20钢、45钢、60钢的显微组织分别如图1-3~图1-5所示。

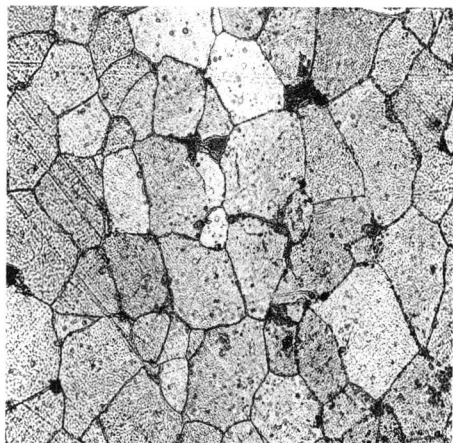

材料名称：工业纯铁
处理方法：退火
浸蚀剂：4%硝酸酒精溶液
放大倍数：500×
显微组织：F+Fe₃C_Ⅲ

图1-2　工业纯铁的显微组织

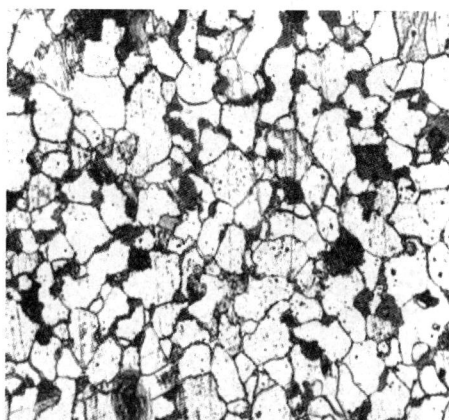

材料名称：20钢
处理方法：退火
浸蚀剂：4%硝酸酒精溶液
放大倍数：200×
显微组织：F（白块）+P（黑块）

图1-3　20钢的显微组织

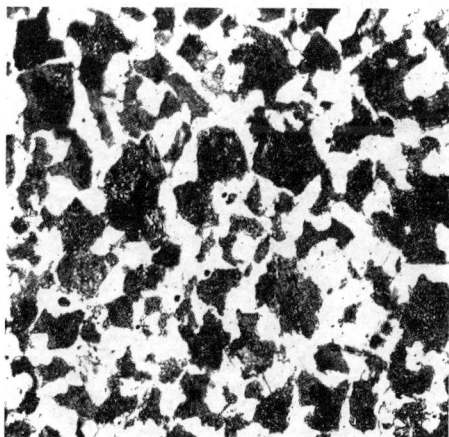

材料名称：45钢
处理方法：退火
浸蚀剂：4%硝酸酒精溶液
放大倍数：200×
显微组织：F（白块）+P（黑块）

图1-4　45钢的显微组织

材料名称：60钢
处理方法：退火
浸蚀剂：4%硝酸酒精溶液
放大倍数：200×
显微组织：F（白块）+P（黑块）

图1-5　60钢的显微组织

（3）共析钢

共析钢中碳的质量分数为 0.77%，其室温组织为单一的珠光体。共析钢(T8 钢)的显微组织如图 1-6 所示。

（4）过共析钢

过共析钢中碳的质量分数为 0.77%~2.11%，在室温下的平衡组织为珠光体和二次渗碳体。其中，二次渗碳体呈网状分布在珠光体的边界上。T12 钢的显微组织如图 1-7 所示。

材料名称：T8钢
处理方法：退火
浸蚀剂：4%硝酸酒精溶液
放大倍数：500×
显微组织：P（层片状）

图 1-6　T8 钢的显微组织

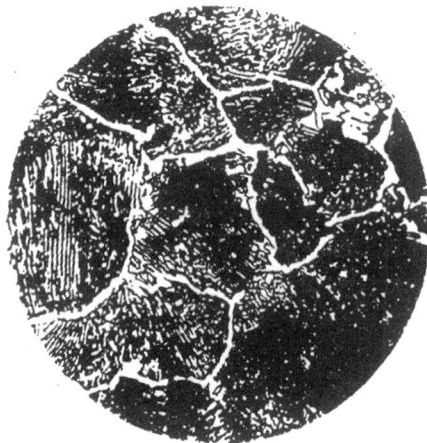

材料名称：T12钢
处理方法：退火
浸蚀剂：4%硝酸酒精溶液
放大倍数：400×
显微组织：P（层片状）+Fe₃C_Ⅱ（网状）

图 1-7　T12 钢的显微组织

（5）亚共晶白口铸铁

亚共晶白口铸铁中碳的质量分数为 2.11%~4.3%，室温下的显微组织为珠光体、二次渗碳体和变态莱氏体。其中，变态莱氏体为基体，在基体上呈较大的黑色块状或树枝状分布的为珠光体，在珠光体枝晶边缘有一层白色组织为二次渗碳体。亚共晶白口铸铁的组织如图 1-8 所示。

（6）共晶白口铸铁

共晶白口铸铁中碳的质量分数为 4.3%，其室温下的显微组织为变态莱氏体，其中，渗碳体为白亮色基体，而珠光体呈黑色细条及斑点状分布在基体上。共晶白口铸铁的显微组织如图 1-9 所示。

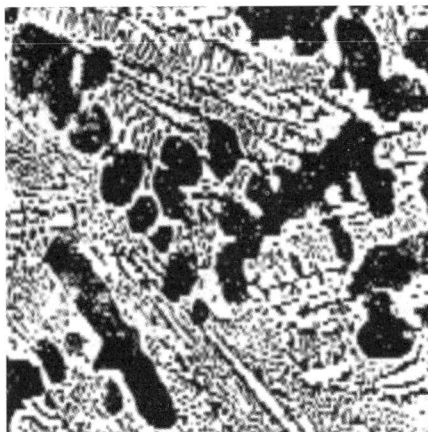

材料名称：亚共晶白口铸铁
处理方法：铸态
浸蚀剂：4%硝酸酒精溶液
放大倍数：400×
显微组织：P（黑色块状或枝状）+Fe₃C_Ⅱ+Ld'

图 1-8　亚共晶白口铸铁的显微组织

（7）过共晶白口铸铁

过共晶白口铸铁中碳的质量分数为 4.3% ~ 6.69%，室温下的显微组织为变态莱氏体和一次渗碳体。一次渗碳体呈白亮色条状分布在变态莱氏体的基体上。过共晶白口铸铁的显微组织如图 1 – 10 所示。

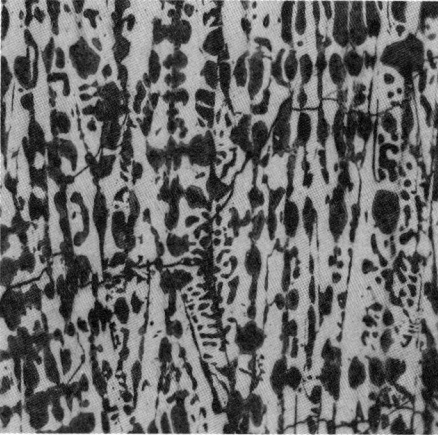

材料名称：共晶白口铸铁
处理方法：铸态
浸蚀剂：4%硝酸酒精溶液
放大倍数：400×
显微组织：Ld′（黑色块、点状为P+白色为Fe₃C基体）

图 1 – 9　共晶白口铸铁的显微组织

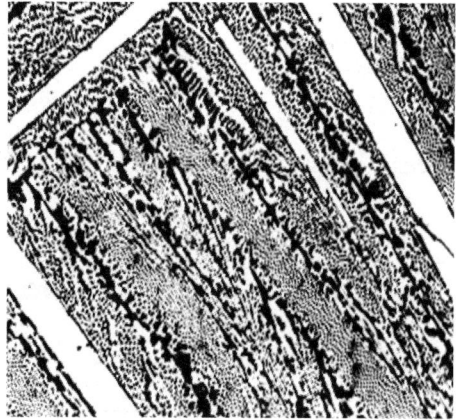

材料名称：过共晶白口铸铁
处理方法：铸态
浸蚀剂：4%硝酸酒精溶液
放大倍数：200×
显微组织：Fe₃C₁（白色宽长条）+Ld′

图 1 – 10　过共晶白口铸铁的显微组织

三、实验设备及金相试样

1. 金相显微镜

金相显微镜的型式很多，最常见的有台式、立式、卧式三大类。金相显微镜一般由光学系统、照明系统和机械系统三部分组成，有的金相显微镜还附有摄影装置。常用于鉴别和分析各种金属和合金的组织结构，可广泛应用于工厂或实验室进行铸件质量的鉴定、原材料的检验或对材料处理后金相组织的研究分析等工作。

（1）金相显微镜的组成与结构

4X 型金相显微镜的外形结构如图 1 – 11 所示。整个镜体平稳地安装在圆盘形的底座上。圆盘中空，内有低压钨丝灯做光源，利用灯座的偏心圈将灯泡紧固。灯前有聚光镜组、反光镜和孔径光栏，三者成一组件，安装在支架上。在显微镜体的两侧有粗动和微动调焦手轮，两者在同一部位。转动粗调手轮能使载物台迅速上升或下

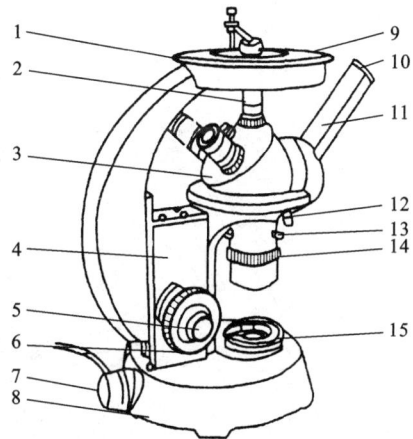

图 1 – 11　4X 型金相显微镜的外形结构图

1—载物台；2—物镜；3—转换器；4—传动箱；
5—微动调焦手轮；6—粗动调焦手轮；7—光源；
8—偏心圈；9—样品；10—目镜；11—目镜管；
12—固定螺钉；13—调节螺钉；
14—视场光栏；15—孔径光栏

降，达到粗略调焦的目的；转动微调手轮可使物镜做缓慢的升降移动，达到精确调焦的目的。在粗调手轮的一侧有制动装置，用以固定调焦正确后载物台的位置。载物台是用来放置金相样品的，它和下面的托盘之间有导架，用手推动可改变试样的观察部位。物镜安装在物镜转换器上。转换器上可同时安装三个不同放大倍数的物镜，通过转换器的转动可使各物镜进入光路，和目镜配合改变显微镜的放大倍数。孔径光栏用以调节入射光束的粗细，以保证物像达到清晰的程度。视场光栏用以调节视场区域的大小。

4X 型金相显微镜的放大倍数见表 1 – 1。

表 1 – 1　4X 型金相显微镜的放大倍数

目镜 物镜	5 ×	10 ×	12.5 ×
10 ×	50 ×	100 ×	125 ×
40 ×	200 ×	400 ×	500 ×
100 ×	500 ×	1000 ×	1250 ×

（2）金相显微镜的工作原理

4X 型台式金相显微镜的光学系统如图 1 – 12 所示。由灯泡 1 发出的光线经聚光镜组 2 及反光镜 7 聚集到孔径光栏 8，再经过聚光镜组 3 聚集到物镜后焦面，最后通过物镜平行照射到试样的表面上。从试样反射回来的光线复经物镜组 6 和辅助透镜 5，由半反射镜 4 转向，经过辅助透镜 10 以及棱镜 11 形成一个被观察物体的倒立的放大实像，该像再经过目镜 14 的放大，就成为在目镜视场中能看到的放大虚像。

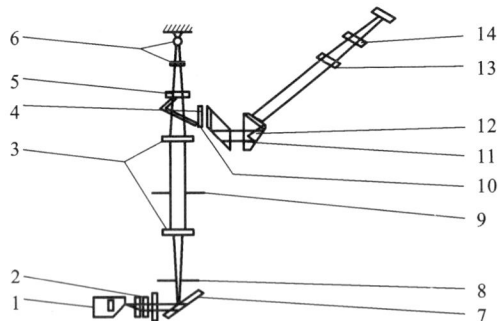

图 1 – 12　4X 型金相显微镜的光学系统

1—灯泡；2—聚光镜组；3—聚光镜组；4—半反射镜；5—辅助透镜；6—物镜组；7—反光镜；
8—孔径光栏；9—视场光栏；10—辅助透镜；11—棱镜；12—棱镜；13—场镜；14—接目镜

2. 金相试样

实验用各种铁碳合金的显微样品见表 1 – 2。

表 1 - 2　实验用各种铁碳合金的显微样品

编号	材料名称	工艺状态	显微组织	侵蚀剂
1	工业纯铁	退火	$F + Fe_3C_{III}$	4% 硝酸酒精溶液
2	20 钢	退火	$F + P$	4% 硝酸酒精溶液
3	45 钢	退火	$F + P$	4% 硝酸酒精溶液
4	60 钢, 65 钢	退火	$F + P$	4% 硝酸酒精溶液
5	T8 钢	退火	P	4% 硝酸酒精溶液
6	T12 钢	退火	$P + Fe_3C_{II}$（白网）	4% 硝酸酒精溶液
7	T12 钢	退火	$P + Fe_3C_{II}$（黑网）	碱性苦味酸钠溶液
8	亚共晶白口铸铁	铸态	$P + Fe_3C_{II} + Ld'$	4% 硝酸酒精溶液
9	共晶白口铸铁	铸态	Ld'	4% 硝酸酒精溶液
10	过共晶白口铸铁	铸态	$Ld' + Fe_3C_I$	4% 硝酸酒精溶液

3. 金相照片

表 1 - 2 中所列铁碳合金样品的显微组织放大照片一套。

四、实验步骤

（1）在教师指导下，熟悉金相显微镜的基本结构，并对其进行简单的操作。

（2）在显微镜下认真观察表 1 - 2 中所列样品的显微组织，识别各种显微组织特征，并观察分析含碳量对组织的影响。

（3）在金相显微镜下选择各试样显微组织的典型区域，并根据组织特征描绘出其显微组织示意图。

（4）记录所观察的各试样名称、显微组织、侵蚀剂、放大倍数及组织特征，并用引线标出各显微组织示意图中组织组成物的名称。

观察各铁碳合金样品的显微组织，在 $\phi20$ mm 的圆内画出其显微组织示意图，用引线和符号标出其各种组织的名称，并填写材料名称、金相显微组织、处理方法、放大倍数、侵蚀剂。金相显微组织记录格式如图 1 - 13 所示。

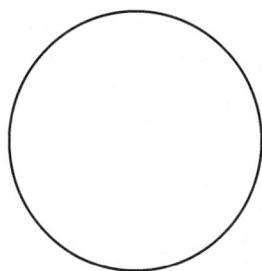

材料名称 ＿＿＿＿＿＿＿＿＿

金相显微组织 ＿＿＿＿＿＿＿＿＿

处理方法 ＿＿＿＿＿＿＿＿＿

放大倍数 ＿＿＿＿＿＿＿＿＿

浸蚀剂 ＿＿＿＿＿＿＿＿＿

图 1 - 13　金相显微组织记录格式

五、实验注意事项

(1) 在观察显微组织时，可先用低倍全面地进行观察，找出典型组织，然后再用高倍放大，对部分区域进行详细观察。

(2) 在移动金相试样时，不得用手指触摸试样表面或将试样表面在载物台上滑动，以免引起显微组织模糊不清，影响观察效果。

(3) 画组织示意图时，应抓住组织形态的特点，画出典型区域的组织。注意不要将磨痕或杂质画在图上。

六、实验报告要求

(1) 用铅笔画出各种铁碳合金样品的显微组织示意图，用引线和符号标出其各种组织的名称，并填写显微组织的有关说明信息。

(2) 根据所观察的组织，分析说明含碳量对铁碳合金平衡组织和性能的影响。

七、思考题

(1) 珠光体组织在低倍观察和高倍观察时有何不同？为什么？

(2) 铁碳合金的显微组织中观察到的渗碳体有几种？它们的形态有什么差别？

实验二　钢的热处理及硬度试验

一、实验目的

(1)了解布氏硬度计、洛氏硬度计的基本原理及使用方法;

(2)熟悉钢的几种基本热处理操作:退火、正火、淬火、回火;

(3)了解加热温度、冷却速度、回火温度等主要因素对碳钢热处理后性能(硬度)的影响。

二、实验概述

热处理是一种很重要的热加工工艺方法,也是充分发挥金属材料性能潜力的重要手段。热处理的主要目的是改变钢的性能,其中包括使用性能及工艺性能。钢的热处理工艺特点是将钢加热到一定的温度,经一定时间的保温,然后以某种速度冷却下来,通过这样的工艺过程能使钢的性能发生改变。

热处理之所以能使钢的性能发生显著变化,主要是由于钢的内部组织结构可以发生一系列变化。采用不同的热处理工艺过程,将会使钢得到不同的组织结构,从而获得所需要的性能。

钢的热处理基本工艺方法可分为退火、正火、淬火和回火等。

1. 钢的退火和正火

钢的退火通常是把钢加热到临界温度 Ac_1 或 Ac_3 以上,保温一段时间,然后缓慢地随炉冷却。此时,奥氏体在高温区发生分解而得到比较接近平衡状态时的组织。

一般中碳钢(如40、45钢)经退火后组织稳定,硬度较低(HB180~220),有利于下一步进行切削加工。

正火则是将钢加热到 Ac_3 或 Ac_{cm} 以上30~50℃,保温后进行空冷。由于冷却速度稍快,与退火组织相比,组织中的珠光体相对量较多,且片层较细密,所以性能有所改善。对低碳钢来说,正火后提高硬度可改善切削加工性,提高零件表面光洁度;对高碳钢,正火可消除网状渗碳体,为下一步球化退火及淬火做组织上的准备。不同含碳量的碳钢在退火及正火状态下的强度和硬度值见表2-1。

表2-1　碳钢在退火及正火状态下的机械性能

性能	热处理状态	含碳量/%		
		≤0.1	0.2~0.3	0.4~0.6
硬度/HB	退火	~120	150~160	180~200
	正火	130~140	160~180	220~250

续表 2 – 1

性能	热处理状态	含碳量/%		
		≤0.1	0.2 ~ 0.3	0.4 ~ 0.6
强度 σ_b/ （MN·m^{-2}）	退火	200 ~ 330	420 ~ 500	360 ~ 670
	正火	340 ~ 360	480 ~ 550	660 ~ 760

2. 钢的淬火

所谓淬火就是将钢加热到 Ac_3（亚共析钢）或 Ac_1（过共析钢）以上 30 ~ 50℃，保温后放入各种不同的冷却介质中快速冷却（V 应大于 V_k），以获得马氏体组织。碳钢经淬火后的组织由马氏体及一定数量的残余奥氏体所组成。

为了正确地进行钢的淬火，必须考虑下列三个重要因素：淬火加热温度、保温时间和冷却速度。

（1）淬火加热温度的选择

正确选定加热温度是保证淬火质量的重要一环。淬火时的具体加热温度主要取决于钢的含碳量，可根据 Fe – Fe$_3$C 相图确定，如图 2 – 1 所示。对亚共析钢，其加热温度为 Ac_3 + 30 ~ 100℃，若加热温度不足（低于 Ac_3），则淬火组织中将出现铁素体，造成强度及硬度的降低。对过共析钢，加热温度为 Ac_1 + 30 ~ 70℃，淬火后可得到细小的马氏体与粒状渗碳体，后者的存在可提高钢的硬度和耐磨性。过高的加热温度（如超过 Ac_{cm}）不仅无助于强度、硬度的增加，反而会由于产生过多的残余奥氏体而导致硬度和耐磨性下降。

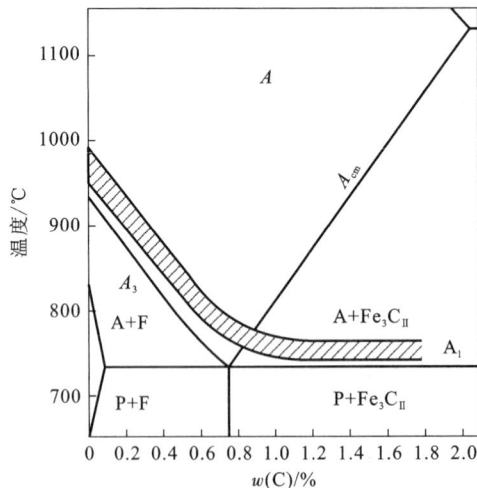

图 2 – 1　正常淬火温度范围

需要指出，不论在退火、正火及淬火时，均不能任意提高加热温度。温度过高晶粒容易长大，而且增加氧化脱碳和变形的倾向。各种不同成分碳钢的临界温度见表 2 – 2。

表2-2　各种碳钢的临界温度（近似值）

类别	钢号	临界温度/℃			
		Ac_1	Ac_3 或 Ac_m	Ar_1	Ar_3
碳素结构钢	20	735	855	680	835
	30	732	813	677	835
	40	724	790	680	796
	45	724	780	682	760
	50	725	760	690	750
	60	727	766	695	721
碳素工具钢	T7	730	770	700	743
	T8	730	—	700	—
	T10	730	800	700	—
	T12	730	820	700	—
	T13	730	830	700	—

（2）保温时间的确定

淬火加热时间实际上是将试样加热到淬火所需的时间及淬火温度停留所需时间的总和。加热时间与钢的成分、工件的形状尺寸、所用的加热介质、加热方法等因素有关，一般按照经验公式加以估算，碳钢在电炉中加热时间见表2-3。

表2-3　碳钢在箱式电炉中加热时间的确定

加热温度/℃	工件形状		
	圆柱形	方形	板形
	保温时间		
	分钟/每毫米直径	分钟/每毫米厚度	分钟/每毫米厚度
700	1.5	2.2	3
800	1.0	1.5	2
900	0.8	1.2	1.6
1000	0.4	0.6	0.8

（3）冷却速度的影响

冷却是淬火的关键工序，它直接影响到钢淬火后的组织和性能。冷却时应使冷却速度大于临界冷却速度，以保证获得马氏体组织。在这个前提下又应尽量缓慢冷却，以减小内应力，防止变形和开裂。为此，可根据C曲线（图2-2），使淬火工件在过冷奥氏体最不稳定的温度范围（650～550℃）进行快冷（即与C曲线的"鼻尖"相切），而在较低温度（300～100℃）时的冷却速度则尽可能小些。

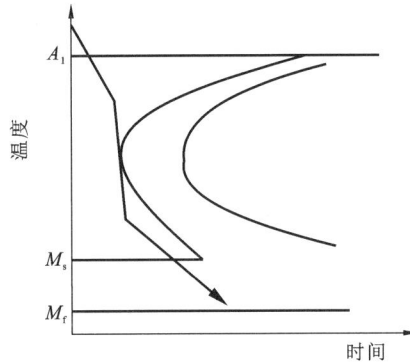

图 2 – 2　淬火时的理想冷却曲线示意图

为了保证淬火效果，应选用适当的冷却介质（如水、油等）和冷却方法（如双液淬火、分级淬火等）。不同的冷却介质在不同的温度范围内的冷却能力有所差别。各种冷却介质的特性见表 2 – 4。

表 2 – 4　几种常用淬火介质的冷却能力

冷却介质	在下列温度范围内的冷却速度/($℃·s^{-1}$)	
	650 ~ 550℃	300 ~ 200℃
18℃的水	600	270
26℃的水	500	270
50℃的水	100	270
74℃的水	30	200
10% NaCl 水溶液（18℃）	1100	300
10% NaOH 水溶液（18℃）	1200	300
10% Na_2CO_3 水溶液（18℃）	800	270
蒸馏水（50℃）	250	200
菜籽油（50℃）	200	35
矿物机器油（50℃）	150	30
变压器油（50℃）	120	25

3. 钢的回火

钢经淬火后得到的马氏体组织质硬而脆，并且工件内部存在很大的内应力，如果直接进行磨削加工往往会出现龟裂。一些精密的零件在使用过程中将会引起尺寸变化而失去精度，甚至开裂。因此淬火钢必须进行回火处理。不同的回火工艺可以使钢获得所需的各种不同性能。表 2 – 5 为 45 钢淬火后经不同温度回火后的组织及性能。

表 2 – 5　45 钢经淬火及不同温度回火后的组织和性能

类型	回火温度/℃	回火后的组织	回火后硬度/HRC	性能特点
低温回火	150 ~ 250	回火马氏体 + 残余奥氏体 + 碳化物	60 ~ 57	高硬度, 内应力减小
中温回火	350 ~ 500	回火屈氏体	35 ~ 45	硬度适中, 有高的弹性
高温回火	500 ~ 650	回火索氏体	20 ~ 33	具有良好塑性、韧性和一定强度相配合综合性能

对碳钢来说, 回火工艺的选择主要是考虑回火温度和保温时间这两个因素。

回火温度: 在实际生产中通常以图纸上所要求的硬度作为选择回火温度的依据。各种钢材的回火温度与硬度之间的关系曲线可从有关手册中查阅。几种常用的碳钢(45、T8、T10 和 T12 钢)回火温度与硬度的关系见表 2 – 6。

表 2 – 6　各种不同温度回火后的硬度值(HRC)

回火温度/℃	45 钢	T8 钢	T10 钢	T12 钢
150 ~ 200℃	60 ~ 54	64 ~ 60	64 ~ 62	65 ~ 62
200 ~ 300℃	54 ~ 50	60 ~ 55	62 ~ 56	62 ~ 57
300 ~ 400℃	50 ~ 40	55 ~ 45	56 ~ 47	57 ~ 49
400 ~ 500℃	40 ~ 33	45 ~ 35	47 ~ 38	49 ~ 38
500 ~ 600℃	33 ~ 24	35 ~ 27	38 ~ 27	38 ~ 28

注: 由于具体处理条件不同, 上述数据仅供参考。

也可以采用经验公式近似地估算回火温度。例如 45 钢的回火温度经验公式为:

$$T(℃) \approx 200 + K(60 - x)$$

式中: K——系数, 当回火后要求的硬度值 > HRC30 时, $K = 11$; < HRC30 时, $K = 12$。

　　　x——所要求的硬度值(HRC)。

保温时间: 回火保温时间与工件材料及尺寸、工艺条件等因素有关, 通常采用 1 ~ 3 h。由于实验所用试样较小, 故回火保温时间可为 30 min, 回火后在空气中冷却。

4. 硬度测试

硬度是指一种材料抵抗另一较硬的具有一定形状和尺寸的物体(金刚石压头或钢球压头)压入其表面的抗力。由于硬度试验简单易行, 又无损于零件, 因此在生产和科研中应用十分广泛。另外, 硬度和抗拉强度之间有近似的正比关系:

$$\sigma_b = K \cdot HB(MPa)$$

式中: K——系数, 对不同材料及不同的热处理状态 K 值不同。例如碳钢的 K 值为 3.528, 调质状态时的合金钢为 3.332, 铸铝为 2.548。

常用的硬度试验方法有：

洛氏硬度试验法：主要用于金属材料热处理后的产品性能检验；

布氏硬度试验法：应用于黑色、有色金属原材料检验，也可测退火、正火后试件的硬度；

维氏硬度试验法：应用于薄板材料及材料表层的硬度测定，以及较精确的硬度测定；

显微硬度试验法：主要应用于测定金属材料的显微组织及各组成相的硬度。

本实验重点介绍最常用的洛氏硬度试验法，以及布氏硬度试验法。

(1)洛氏硬度试验原理

洛氏硬度试验，是用特殊的压头(圆锥角为 120°金刚石压头或钢球压头)在先后施加两个载荷(预载荷和总载荷)的作用下压入金属表面来进行的。总载荷 P 为预载荷 F_0 和主载荷 F_1 之和，即 $F = F_0 + F_1$。

洛氏硬度值是施加总载荷 F 并卸除主载荷 F_1 后，在预载荷 F_0 继续作用下，由主载荷 F_1 引起的残余压入深度 e 来计算(图 2-3)。

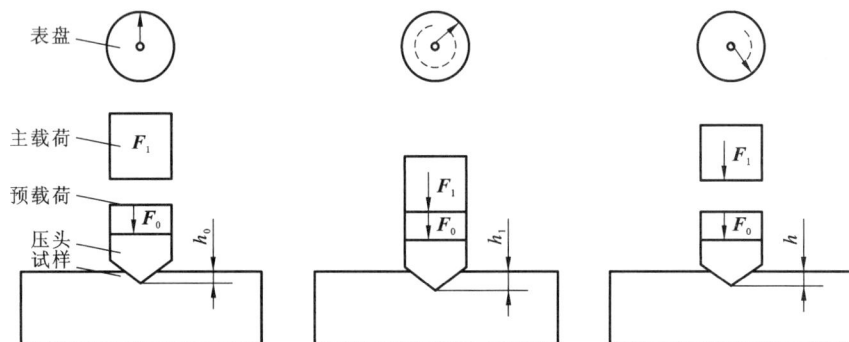

图 2-3　洛氏硬度测量原理示意图

图中，h_0 表示在预载荷 F_0 作用下压头压入被试材料的深度，h_1 表示施加总载荷 F 并卸除主载荷 F_1，但仍保留预载荷 F_0 时，压头压入被试材料的深度。

深度差 $e = h_1 - h_0$，该值用来表示被测材料硬度的高低。

在实际应用中，为了使硬的材料得出的硬度值比软的材料得出的硬度值高，以符合一般的习惯，将被测材料的硬度值用公式加以适当变换。即

$$HR = [K - (h_1 - h_0)]/C$$

式中：K 为一常数，其值在采用金刚石压头时为 0.2，采用钢球压头时为 0.26；C 为另一常数，代表指示器读数盘每一刻度，相当于压头压入被测材料的深度，其值为 0.002 mm。HR 为标注洛氏硬度的符号，单位为 HR。当采用金刚石压头及 1471 N(150 kgf)的总载荷试验时，应标注 HRC，单位为 HRC；当采用钢球压头及 980.7 N(100 kgf)总载荷试验时，则应标注 HRB，单位为 HRB。

HR 值为一无名数，测量时可直接由硬度计表盘读出。表盘上有红、黑两种刻度，红线刻度的 30 和黑线刻度的 0

图 2-4　洛氏硬度计刻度盘

相重合,如图 2 - 4 所示。

为了扩大洛氏硬度的测量范围,可采用不同压头和总载荷配成不同的洛氏硬度标度,每一种标度用同一个字母在洛氏硬度符号 HR 后加以注明,共有 15 种标度供选择,它们分别为:HRA,HRB,HRC,HRD,HRE,HRF,HRG,HRH,HRK,HRL,HRM,HRP,HRR,HRS,HRV,常用的有 HRA、HRB、HRC 等三种。各种洛氏硬度值试验规范见表 2 - 7。

表 2 - 7 各种洛氏硬度值的符号及应用

标度符号	压头	总载荷/N(kg)	表盘刻度颜色	常用硬度值范围	应用举例
HRA	金刚石圆锥	588.6(60)	黑色	70 ~ 85	碳化物、硬质合金、表面淬火钢等
HRB	1.588 mm 钢球	981(100)	红色	25 ~ 100	软钢、退火钢、铜合金等
HRC	金刚石圆锥	1471.5(150)	黑色	20 ~ 67	淬火钢、调质钢等
HRD	金刚石圆锥	981(100)	黑色	40 ~ 77	薄钢板、中等厚度的表面硬化工件等
HRE	3.175 mm 钢球	981(100)	红色	70 ~ 100	铸铁、铝、镁合金、轴承合金
HRF	1.588 mm 钢球	588.6(60)	红色	40 ~ 100	薄板软钢、退火铜合金等
HRG	1.588 mm 钢球	1471.5(150)	红色	31 ~ 94	磷青铜、铍青铜等
HRH	3.175 mm 钢球	588.6(60)	红色		铝、锌、铅等

(2)洛氏硬度计的构造及操作

洛氏硬度计类型较多,外形构造也各不相同,但构造原理及主要部件均相同。图 2 - 5 为洛氏硬度计机构示意图。

(a)洛氏硬度计外形图
1—读数百分表;2—压头;3—载物台;
4—升降丝杠手轮;5—加载手轮;6—卸载手柄

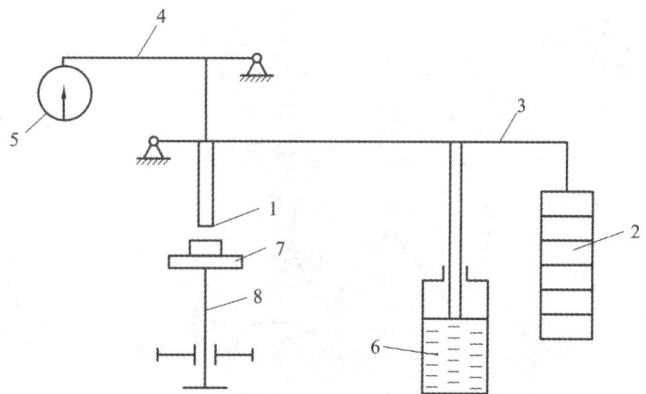

(b)洛氏硬度计机构示意图
1—压头;2—载荷砝码;3—主杠杆;4—测量杠杆
5—表盘;6—缓冲装置;7—载物台;8—升降丝杆

图 2 - 5 洛氏硬度计机构示意图

操作方法如下：

① 按表 2 - 7 选择压头及载荷。

② 根据试样大小和形状选用载物台。

③ 试样上下两面磨平，然后置于载物台上。

④ 加预载。按顺时针方向转动升降机构的手轮，使试样与压头接触，并观察读数百分表上小针移动至小红点为止。

⑤ 调整读数表盘，使百分表盘上的长针对准硬度值的起点。如：试验 HRC，HRA 硬度时，使长针与表盘上黑字 C 处对准；试验 HRB 时，使长针与表盘上红字 B 处对准。

⑥ 加主载。平稳地扳动加载手柄，手柄自动升高至停止位置（时间为 5 ~ 7s）并停留 10s。

⑦ 卸主载。扳回加载手柄至原来位置。

⑧ 读硬度值。表上长针指示的数字为硬度的读数，HRC、HRA 读黑色数字，HRB 读红色数字。

⑨ 下降载物台。当试样完全离开压头后，才可取下试样。

⑩ 用同样的方法在试样的不同位置测三个数据，取其算术平均值为试样的硬度。

各种洛氏硬度值之间，洛氏硬度与布氏硬度间都有一定的换算关系。对于钢铁材料大致有下列关系式：

$$HRC = 2HRA - 104$$
$$HB = 10HRC（HRC = 40 ~ 60 范围）$$
$$HB = 2HRB$$

（3）布氏硬度试验原理

用载荷 P 把直径为 D 的淬火钢球或硬质合金球压入试件表面，并保持一定时间，而后卸除载荷，测量钢球在试样表面上所压出的压痕直径 d，从而计算出压痕球面积 F，然后再计算出单位面积所受的力（P/F 值），用此数字表示试件的硬度值，即为布氏硬度，用符号 HB 表示。布氏硬度试验原理如图 2 - 6 所示。

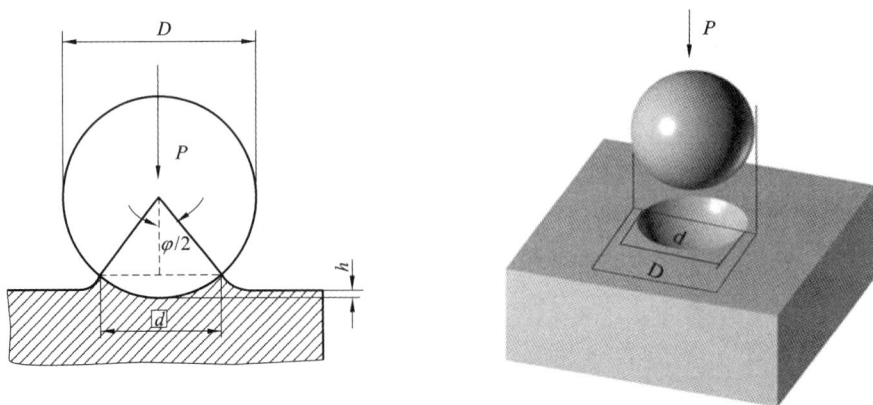

图 2 - 6　布氏硬度计测量原理示意图

由于金属材料有硬有软，工件有厚有薄、有大有小，为适应不同的情况，布氏硬度的钢

球有 $\phi2.5$ mm、$\phi5$ mm、$\phi10$ mm 三种。载荷有 153N、613N、1839N、2452N、7355N、9807N、29420N（即 15.6 kgf、62.5 kgf、187.5 kgf、250 kgf、750 kgf、1000 kgf、3000 kgf）等七种。当采用不同大小的载荷和不同直径的钢球进行布氏硬度试验时，只要能满足 P/D^2 为常数，则同一种材料测得的布氏硬度值是相同的。而不同材料所测得的布氏硬度值也可进行比较。国家标准规定 P/D^2 的比值为 30，10，2.5 三种。根据金属材料种类及试样硬度范围和厚度的不同，按照表 2-8 中的规范选择钢球直径 D，载荷 P 及载荷保持时间。在试样厚度和截面大小允许的情况下，尽可能选用直径大的钢球和大的载荷，这样更易反映材料性能的真实性。另外，由于压痕大，测量的误差也小。所以，测定钢的硬度时，尽可能采用 $\phi10$ mm 钢球和 29420 N 的载荷。试验后的压痕直径应在 $0.25D < d < 0.6D$ 的范围内，否则试验结果无效。这是因为若 d 值太小，灵敏度和准确性将随之降低；若 d 值太大，压痕的几何形状不能保持相似的关系，影响试验结果的准确性。

将测量的压痕直径查表 2-9 即得试样硬度值。

表 2-8　布氏硬度实验规范

金属类型	布氏硬度范围/HB	试件厚度/mm	载荷 P 与直径 D 的关系	钢球直径 D/mm	载荷 P/kgf(N)	载荷保持时间/s
黑色金属	140~450	6~3	$P = 30D^2$	10	3000(29420)	10
		4~2		5.0	750(7355)	
		<2		2.5	187.5(1839)	
	<140	>6	$P = 10D^2$	10	1000(9807)	10
		6~3		5.0	250(2452)	
		<3		2.5	62.5(613)	
有色金属	>130	6~3	$P = 30D^2$	10	3000(29420)	30
		4~2		5.0	750(7355)	
		<2		2.5	187.5(1839)	
	36~130	9~3	$P = 10D^2$	10	1000(9807)	30
		6~3		5.0	250(2452)	
		<3		2.5	62.5(613)	
	8~35	>6	$P = 2.5D^2$	10	250(2452)	30
		6~3		5.0	62.5(613)	
		<3		2.5	15.6(153)	

表 2-9　压痕直径与布氏硬度对照表

压痕直径 （d10、2d5 或 4d2.5） /mm	布氏硬度在下列载荷 P/N 下/HB			压痕直径 （d10、2d5 或 4d2.5） /mm	布氏硬度在下列载荷 P/N 下/HB		
	$30D^2$ $/0.10^2$	$10D^2$ $/0.102$	$2.5D^2$ $/0.102$		$30D^2$ $/0.102$	$10D^2$ $/0.102$	$2.5D^2$ $/0.102$
2.00	(945)	(316)	—	3.18	368	123	30.7
2.05	(899)	(300)	—	3.20	363	121	30.3
2.10	(856)	(286)	—	3.22	359	120	29.9
2.15	(817)	(272)	—	3.24	354	118	29.5
2.20	(780)	(260)	—	3.26	350	117	29.2
2.25	(745)	(248)	—	3.30	341	114	28.4
2.30	(712)	(238)	—	3.32	337	112	28.1
2.35	(682)	(228)	—	3.34	333	111	27.7
2.40	(653)	(218)	—	3.52	298	99.5	24.9
2.45	(627)	(208)	—	3.54	295	98.3	24.6
2.50	601	200	—	3.56	292	97.2	24.3
2.55	578	193	—	3.58	288	96.1	24.0
2.60	555	185	—	3.60	285	95.0	23.7
2.65	534	178	—	3.62	282	93.5	23.5
2.70	515	171	—	3.64	278	92.8	23.2
2.75	495	165	—	3.66	275	91.8	22.9
2.80	477	159	—	3.68	272	90.7	22.7
2.85	461	154	—	3.70	269	89.7	22.4
2.90	444	148	—	3.72	266	88.7	22.2
2.95	429	143	—	3.74	263	87.7	21.9
3.00	415	138	34.6	3.76	260	86.8	21.7
3.02	409	136	34.1	3.78	257	85.8	21.5
3.04	404	134	33.7	3.80	255	84.9	21.2
3.06	398	133	33.2	3.82	252	84.0	21.0
3.08	393	131	32.7	3.84	249	83.0	20.8
3.10	388	129	32.3	3.86	246	82.1	20.5
3.12	383	128	31.9	3.88	244	81.3	20.3
3.14	378	126	31.5	3.90	241	80.4	20.1
3.16	373	124	31.1	3.92	239	79.6	19.9

续表 2－9

压痕直径 （d10、2d5 或 4d2.5） /mm	布氏硬度在下列载荷 P/N 下/HB			压痕直径 （d10、2d5 或 4d2.5） /mm	布氏硬度在下列载荷 P/N 下/HB		
	$30D^2$ /0.102	$10D^2$ /0.102	$2.5D^2$ /0.102		$30D^2$ /0.102	$10D^2$ /0.102	$2.5D^2$ /0.102
3.94	236	78.7	19.7	4.54	175	58.4	14.6
3.96	234	77.9	19.5	4.56	174	57.9	14.5
3.98	231	77.1	19.3	4.58	172	57.3	14.3
4.00	229	76.3	19.1	4.60	170	56.8	14.2
4.02	226	75.5	18.9	4.62	169	56.3	14.1
4.04	224	74.7	18.7	4.64	167	55.8	13.9
4.06	222	73.9	18.5	4.66	166	55.3	13.8
4.08	219	73.2	18.3	4.68	164	54.8	13.7
4.10	217	72.4	18.1	4.70	163	54.3	13.6
4.12	215	71.7	17.9	4.72	161	53.8	13.4
4.14	213	71.0	17.7	4.74	160	53.3	13.3
4.16	211	70.2	17.6	4.76	158	52.8	13.2
4.18	209	69.5	17.4	4.78	157	52.3	13.1
4.20	207	68.8	17.2	4.80	156	51.9	13.0
4.22	204	68.2	17.0	4.82	154	51.4	12.9
4.24	202	67.5	16.9	4.84	153	51.0	12.8
4.26	200	66.8	16.7	4.86	152	50.5	12.6
4.28	198	66.2	16.5	4.88	150	50.1	12.5
4.30	197	65.5	16.4	4.90	149	49.6	12.4
4.32	195	64.9	16.2	4.92	148	49.2	12.3
4.34	193	64.2	16.1	4.94	146	48.8	12.2
4.36	191	63.6	15.9	4.96	145	48.4	12.1
4.38	189	63.0	15.8	4.98	144	47.9	12.0
4.40	187	62.4	15.6	5.00	144	47.5	11.9
4.42	185	61.8	15.5	5.05	140	46.5	11.6
4.44	184	61.2	15.3	5.10	137	45.5	11.4
4.46	182	60.6	15.2	5.15	134	44.6	11.2
4.48	180	60.1	15.0	5.20	131	43.7	10.9
4.50	179	59.5	14.9	5.25	128	42.8	10.7
4.52	177	59.0	14.7	5.30	126	41.9	10.5

续表 2 – 9

压痕直径 (d10、2d5 或 4d2.5) /mm	布氏硬度在下列载荷 P/N 下/HB			压痕直径 (d10、2d5 或 4d2.5) /mm	布氏硬度在下列载荷 P/N 下/HB		
	30D² /0.10²	10D² /0.102	2.5D² /0.102		30D² /0.102	10D² /0.102	2.5D² /0.102
5.35	123	41.0	10.3	5.95	97.3	32.4	8.1
5.40	121	40.2	10.1	6.00	(95.5)	31.8	8.0
5.45	118	39.4	9.9	6.05	(93.7)	—	—
5.50	116	38.6	9.7	6.10	(92.0)	—	—
5.55	114	37.9	9.5	6.15	(90.3)	—	—
5.60	111	37.1	9.3	6.20	(88.7)	—	—
5.65	109	35.4	9.1	6.25	(87.1)	—	—
5.70	107	35.7	8.9	6.30	(85.5)	—	—
5.75	105	35.0	8.8	6.35	(84.0)	—	—
5.80	103	34.3	8.6	6.40	(82.5)	—	—
5.85	101	33.7	8.4	6.45	(81.0)	—	—
5.90	99.2	33.1	8.3				

注：①表中压痕直径为 ϕ10 mm 钢球试验数值，如用 ϕ5 mm 或 ϕ2.5 mm 钢球试验时，则所得压痕直径应分别增加 2 倍或 4 倍。例如用 ϕ5 mm 钢球在 750 kg 载荷作用下所得压痕直径为 1.65 mm，则在查表时应采用 3.30 mm（即 1.65 × 2 = 3.30），而其相应硬度值为 341。②根据 GB231 – 63 规定，压痕直径的大小应在 $0.25D < d < 0.6D$ 范围内，故表中对此范围以外的硬度值均加括号，表示仅供参考。③表中未列出压痕直径的硬度值，可根据其上下两数值用内插法计算求得。

布氏硬度值的表示方法是：压头为钢球时用 HBS，压头用硬质合金时用 HBW。若用 ϕ10 mm 钢球，在 29420 N（3000 kg）载荷下保持 10 s，测得布氏硬度值为 400 时，可表示为 400 HBS，若用硬质合金球为压头，则表示为 400 HBW。

在其他试验条件下，符号 HB 应以相应的指数注明钢球直径、载荷大小及载荷保持的时间。例如，100HB5/250/30 即表示：用 5 mm 直径钢球，在 2452 N（250 kgf）载荷下保持 30 s 时，所测得的布氏硬度为 100。

（4）布氏硬度试验法的优缺点

因布氏硬度试验压痕面积较大，其硬度值较全面反映材料硬度，所以特别适用于测定灰口铸铁、轴承合金和具有粗大晶粒的金属材料，试验数据较稳定，重复性也好。布氏硬度和强度极限 σ_b 的关系见表 2 – 10。其换算式为经验公式，知道硬度后可以粗略地估计其他某些机械性能，但铸铁不能用此经验公式。

表 2 - 10　硬度值与 σ_b 的关系

材料	硬度值/HB	硬度值与 σ_b 近似换算式
钢	125 ~ 175	$\sigma_b \approx 3.36\ HB$（MPa）
钢	>175	$\sigma_b \approx 3.55\ HB$（MPa）
铸铝合金	—	$\sigma_b \approx 2.55\ HB$（MPa）
退火黄铜、青铜	—	$\sigma_b \approx 5.39\ HB$（MPa）
冷加工后黄铜、青铜	—	$\sigma_b \approx 3.92\ HB$（MPa）

　　布氏硬度用的压头是淬火钢球。由于钢球本身存在变形和硬度问题，所以不能测试太硬的材料，一般大于 450 HB 的材料即不能使用。布氏硬度压痕较大，产品检验时有困难。试验过程比洛氏硬度复杂，不能在硬度计上直接读数，还需用带刻度的低倍放大镜测出压痕直径，然后通过查表或计算才能得到布氏硬度值。

　　布氏硬度试验常用于测定铸铁、有色金属、低合金结构钢等的原材料以及结构钢调质后的硬度。各种硬度值的换算见表 2 - 11。

表 2 - 11　布氏、维氏、洛氏硬度值的换算表

（以布氏硬度试验时测得的压痕直径为准）

$D = 10$ mm $P = 29420$ N 时的压痕直径/mm	硬　度					$D = 10$ mm $P = 29420$ N 时的压痕直径/mm	硬　度				
	/HB	/HV	/HRB	/HRC	/HRA		/HB	/HV	/HRB	/HRC	/HRA
2.20	780	1220	—	72	89	2.95	429	460	—	45	73
2.25	745	1114	—	69	87	3.00	415	435	—	44	73
2.30	712	1021	—	67	85	3.05	401	423	—	43	72
2.35	682	940	—	65	84	3.10	388	401	—	41	71
2.40	653	867	—	63	83	3.15	375	390	—	40	71
2.45	627	803	—	61	82	3.20	363	380	—	39	70
2.50	601	746	—	59	81	3.25	352	361	—	38	69
2.55	578	694	—	58	80	3.30	341	344	—	37	69
2.60	555	649	—	56	79	3.35	331	333	—	36	68
2.65	534	606	—	54	78	3.40	321	320	—	35	68
2.70	515	587	—	52	77	3.45	311	312	—	34	67
2.75	495	551	—	51	76	3.50	302	305	—	33	67
2.80	477	534	—	49	76	3.55	293	291	—	31	66
2.85	461	502	—	48	75	3.60	285	285	—	30	66

续表 2 – 11

D = 10 mm P = 29420 N 时的压痕直径/mm	硬度					D = 10 mm P = 29420 N 时的压痕直径/mm	硬度				
	/HB	/HV	/HRB	/HRC	/HRA		/HB	/HV	/HRB	/HRC	/HRA
3.65	277	278	—	29	65	4.75	159	159	83	—	53
3.70	269	272	—	28	65	4.80	156	154	82	—	52
3.75	262	261	—	27	64	4.85	152	152	81	—	52
3.80	255	255	—	26	64	4.90	149	149	80	—	51
3.85	248	250	—	25	63	4.95	146	147	78	—	50
3.90	241	246	100	24	63	5.00	144	144	77	—	50
3.95	235	235	99	23	62	5.05	140	—	76	—	—
4.00	229	220	98	22	62	5.10	137	—	75	—	—
4.05	223	221	97	21	61	5.15	134	—	74	—	—
4.10	217	217	97	20	61	5.20	131	—	72	—	—
4.15	212	213	96	19	60	5.25	128	—	71	—	—
4.20	207	209	95	18	60	5.30	126	—	69	—	—
4.25	201	201	94	—	59	5.35	123	—	69	—	—
4.30	197	197	93	—	58	5.40	121	—	67	—	—
4.35	192	190	92	—	58	5.45	118	—	66	—	—
4.40	187	186	91	—	57	5.50	116	—	65	—	—
4.45	183	183	89	—	56	5.55	114	—	64	—	—
4.50	179	179	88	—	56	5.60	111	—	62	—	—
4.55	174	174	87	—	55	5.70	107	—	59	—	—
4.60	170	171	86	—	55	5.80	103	—	57	—	—
4.65	166	165	85	—	54	5.90	99.2	—	54	—	—
4.70	163	162	84	—	53	6.00	95.5	—	52	—	—

三、实验内容

（1）熟悉硬度计的结构原理和操作步骤。

（2）按表 2 – 12 和表 2 – 13 所列材料、工艺进行热处理操作实验。

（3）测定热处理后试样的硬度值（炉冷及空冷试样测 HB，其余试样测 HRC），并做好实验记录。

表 2 – 12　热处理实验任务表（45 钢）

热处理工艺			硬度值 HRC				硬度值 HB	组 织
加热温度/℃	冷却方法	回火温度/℃	1	2	3	平均		
860	炉冷	—	—	—	—	—		
	空冷	—	—	—	—	—		
	水冷	—						
	水冷	200						
	水冷	400						
	水冷	600						
780	水冷	—						

表 2 – 13　热处理实验任务表（T12 钢）

热处理工艺			硬度值 HRC				硬度值 HB	组 织
加热温度/℃	冷却方法	回火温度/℃	1	2	3	平均		
860	空冷	—	—	—	—	—		
	水冷	—						
780	炉冷	—	—	—	—	—		
	水冷	—						
	水冷	200						
	水冷	400						
	水冷	600						

四、实验步骤

（1）分别将 45 钢、T12 钢试样放入箱式热处理炉内加热、保温 12 min。

（2）取出试样进行正火（空冷）、淬火操作。

（3）淬火时，试样要用钳子夹住，动作要快，并不断在水中搅动，以免影响热处理质量。取放试样前要先将炉子电源关闭。

（4）将淬火后的试样分别放入 200℃、400℃、600℃的炉内进行回火，回火保温时间为 30 min。

（5）热处理后的试样用砂纸或砂轮机磨去两端面氧化皮，然后测量硬度，注意淬火、回火样测 HRC 值，正火、退火样测 HB 值。

（6）每个同学都将自己测定的硬度资料填入实验记录表中（测洛氏硬度时，每个试样打三个点），并记下实验的全部资料，以供分析。

五、实验报告要求

（1）简述热处理的基本工艺、洛氏硬度和布氏硬度试验原理。

（2）实验结果填入记录表中，并将硬度数值 HRC 换算成 HB。

（3）根据所测材料硬度值，分析淬火温度、淬火介质及回火温度对碳钢性能（硬度）的影响，画出它们同硬度关系的示意曲线，并根据铁碳相图、C 曲线（或 CCT 曲线）和回火时的转变阐明硬度变化的原因。

六、思考题

（1）淬火温度、淬火介质及回火温度对 45 钢和 T12 钢性能（硬度）有何影响？试根据铁碳相图、C 曲线（或 CCT 曲线）和回火时的转变分析硬度变化的原因。

（2）不同含碳量对平衡状态下的钢的力学性能有何影响？请图示并加以说明。

实验三 钢的非平衡组织观察

一、实验目的

(1)观察和研究碳钢经不同形式热处理后显微组织的特点。

(2)了解热处理工艺对钢组织和性能的影响。

二、实验概述

铁碳合金经缓冷后的显微组织基本上与铁碳相图所预料的各种平衡组织相符合,但碳钢在不平衡状态,即在快冷条件下的显镜组织就不能用铁碳合金相图来加以分析,而应由过冷奥氏体等温转变曲线图——C曲线来确定。图3-1为共析碳钢的C曲线图。

按照不同的冷却条件,过冷奥氏体将在不同的温度范围发生不同类型的转变。通过金相显微镜观察,可以看出过冷奥氏体各种转变产物的组织形态各不相同。共析碳钢过冷奥氏体在不同温度转变的组织特征及性能见表3-1。

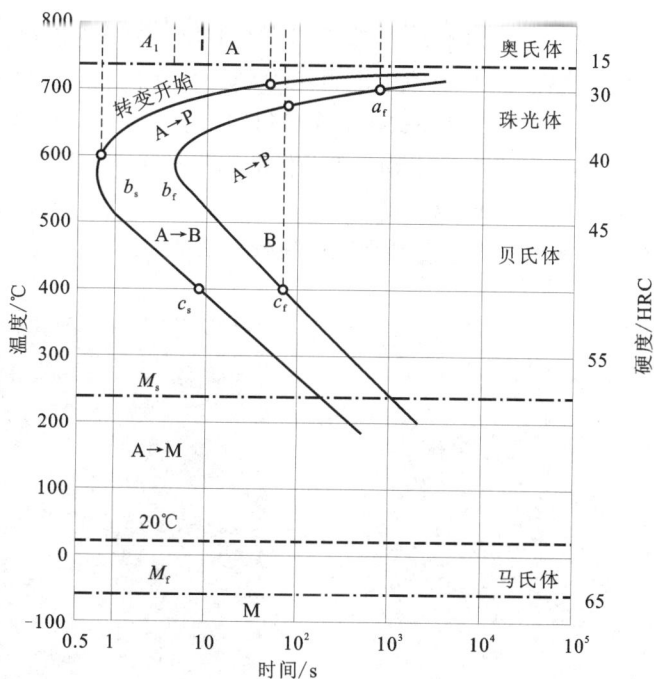

图3-1 共析碳钢的C曲线

表 3-1　共析碳钢(T8)过冷奥氏体在不同温度转变的组织特征及性能

转变类型	组织名称	形成温度范围/℃	金相显微组织特征	硬度HRC
珠光体型相变	珠光体/P	<650	在 400~500 倍金相显微镜下可观察到铁素体和渗碳体的片层状组织	~20（HB180~200）
	索氏体/S	600~650	在 800~1000 倍以上的显微镜下才能分清片层状特征，在低倍下片层模糊不清	25~35
	屈氏体/T	550~600	用光学显微镜观察时呈黑色团状组织，只有在电子显微镜(5000~15000×)下才能看出片层组织	35~40
贝氏体型相变	上贝氏体/B上	350~550	在金相显微镜下呈暗灰色的羽毛状特征	40~48
	下贝氏体/B下	220~350	在金相显微镜下呈黑色针叶状特征	48~58
马氏体型相变	马氏体/M	<230	在正常淬火温度下呈细针状马氏体(隐晶马氏体)，过热淬火时则呈粗大片状马氏体	62~65

1. 钢的退火和正火组织

亚共析成分的碳钢(如 40、45 钢等)一般采用完全退火，经退火后可得到接近于平衡状态时的组织，其组织特征已在实验一中加以分析和观察。过共析成分的碳素工具钢(如 T10、T12 钢等)一般采用球化退火，T12 钢经球化退火后组织中的二次渗碳体及珠光体中的渗碳体都将变成颗粒状，如图 3-2 所示。图中均匀而分散的细小粒状组织就是粒状渗碳体。

45 钢经正火后的组织通常要比退火的细，珠光体的相对含量也比退火组织中的多，如图 3-3 所示，原因在于正火的冷却速度稍大于退火的冷却速度。

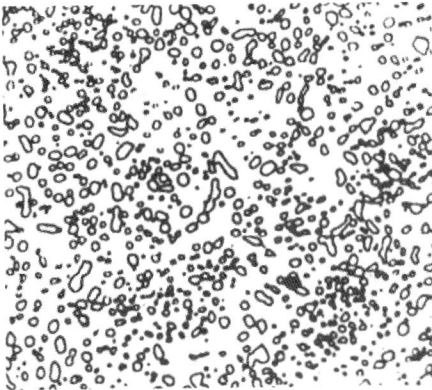

图 3-2　T12 钢球化退火组织

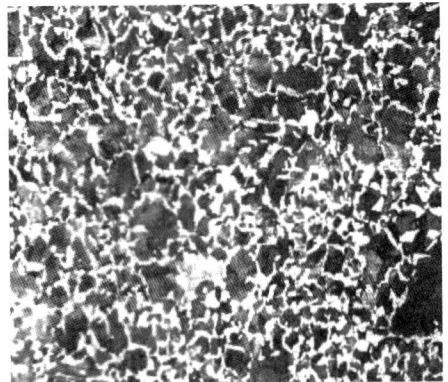

图 3-3　45 钢经正火后的组织

2. 钢的淬火组织

将 45 钢加热到 760℃（即 Ac_1 以上，但低于 Ac_3），然后在水中冷却，这种淬火称为不完全淬火。根据 Fe－Fe$_3$C 相图可知，在这个温度加热，部分铁素体尚未溶入奥氏体中，经淬火后将得到马氏体和铁素体组织。在金相显微镜中观察到的是呈暗色针状马氏体基底上分布有白色块状铁素体，如图 3－4 所示。

45 钢经正常淬火后将获得细针状马氏体，如图 3－5 所示。由于马氏体针非常细小，在显微镜中不易分清。若将淬火温度提高到 1000℃（过热淬火），由于奥氏体晶粒的粗化，经淬火后将得到粗大针状马氏体组织，如图 3－6 所示。若将 45 钢加热到正常淬火温度，然后在油中冷却，则由于冷却速度不足（$V < V_K$），得到的组织将是马氏体和部分屈氏体（或混有少量贝氏体）。图 3－7 为 45 钢经加热到 800℃保温后油冷的显微组织，亮白色为马氏体，呈黑色块状分布于晶界处的为屈氏体。T12 钢在正常温度淬火后的显微组织如图 3－8 所示，除了细小的马氏体外尚有部分未溶入奥氏体中的渗碳体（呈亮白颗粒）。当 T12 钢在较高温度淬火时，显微组织出现粗大的马氏体，并且还有一定数量（15%～30%）的残余奥氏体（呈亮白色）存在于马氏体针之间，如图 3－9 所示。

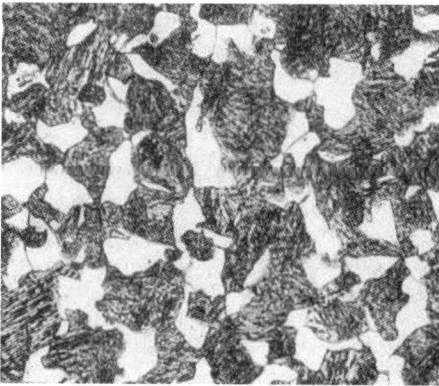

图 3－4　45 钢不完全淬火组织

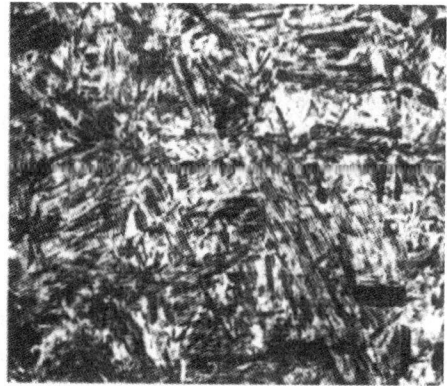

图 3－5　45 钢正常淬火组织

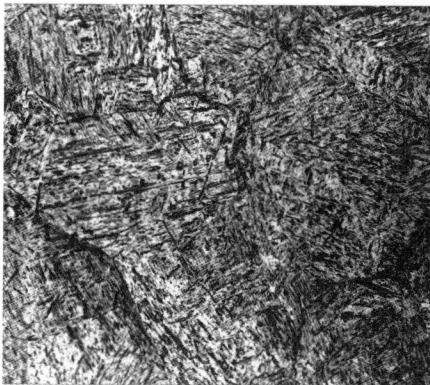

图 3－6　45 钢过热淬火组织

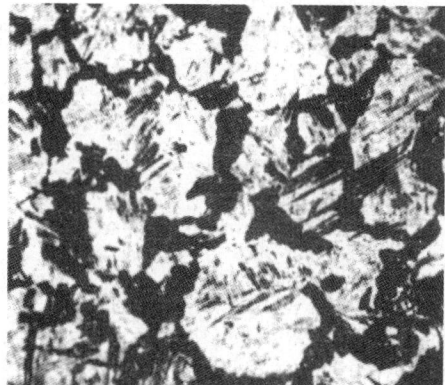

图 3－7　45 钢 800℃油冷的显微组织

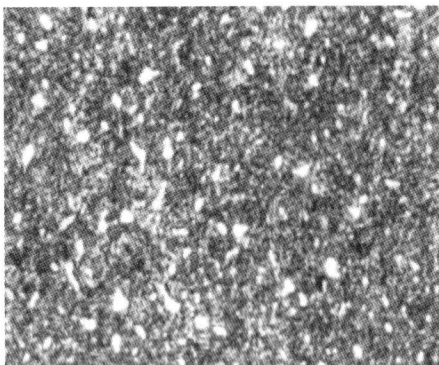

图 3 - 8　T12 钢正常淬火组织

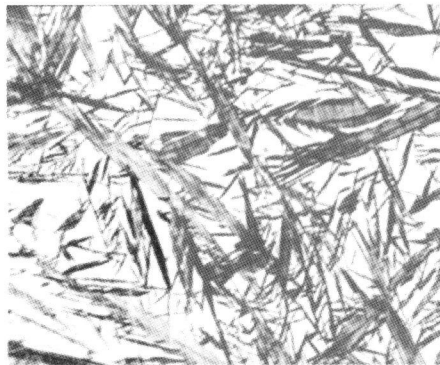

图 3 - 9　T12 钢过热淬火组织

3. 淬火后的回火组织

钢经淬火后所得到的马氏体和残余奥氏体均为不稳定组织，它们具有向稳定的铁素体和渗碳体的两相混合物组织转变的倾向。通过回火将钢加热，提高原子活动能力，可促进这个转变过程的进行。

淬火钢经不同温度回火后所得到的组织不同，通常按组织特征分为以下三种：

（1）回火马氏体

淬火钢经低温回火（150～250℃），马氏体内的过饱和碳原子脱溶沉淀，析出与母相保持

图 3 - 10　45 钢低温回火组织

着共格联系的 ε 碳化物，这种组织称为回火马氏体。回火马氏体仍保持针片状特征，但容易受侵蚀，故颜色要比淬火马氏体深些，是暗黑色的针状组织，如图 3 - 10 所示。

（2）回火屈氏体

淬火钢经中温回火（350～500℃）得到在铁素体基体中弥散分布着微小粒状渗碳体的组织，称为回火屈氏体。回火屈氏体中的铁素体仍然基本保持原来针状马氏体的形态，渗碳体则呈细小的颗粒状，在光学显微镜下不易分辨清楚，故呈暗黑色，如图 3 - 11（a）所示。用电子显微镜可以看到这些渗碳体质点，并可以看出回火屈氏体仍保持有针状马氏体的位向，如图 3 - 11（b）所示。

（3）回火索氏体

淬火钢高温回火（500～650℃）得到的组织称为回火索氏体，其特征是已经聚集长大了的渗碳体颗粒均匀地分布在铁素体基体上，如图 3 - 12（a）所示。用电子显微镜可以看出回火索氏体中的铁素体已不呈针状形态而成等轴状，如图 3 - 12（b）所示。

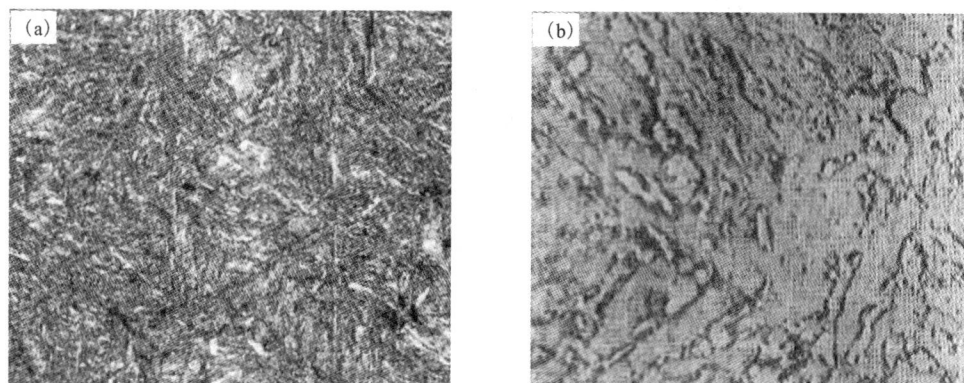

图 3 - 11　45 钢 400°C 回火组织
(a)金相照片；(b)电镜照片

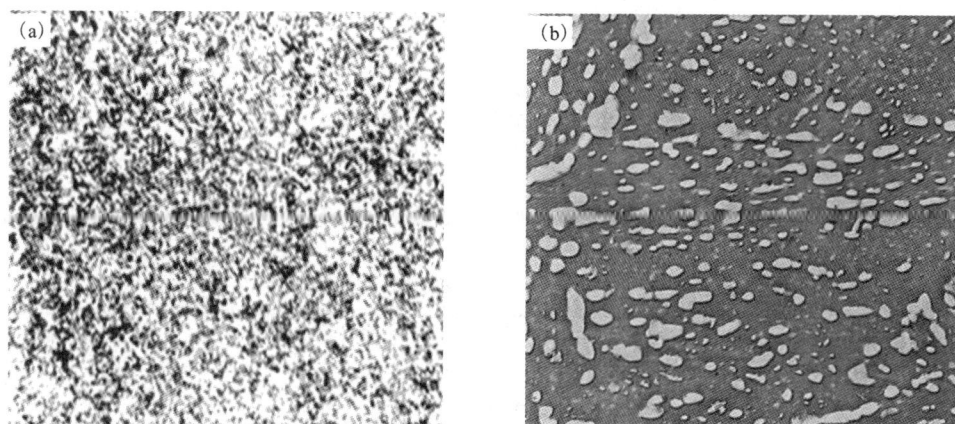

图 3 - 12　45 钢 600°C 回火组织
(a)金相照片；(b)电镜照片

常见 45 钢及 T12 钢经各种热处理工艺后的显微组织及建议观察放大倍数等见表 3 - 2。

表 3 - 2　45 钢和 T12 钢经不同热处理后的显微组织

编号	热处理工艺	显微组织特征	放大倍数
	45 钢：		
1	退火：860℃炉冷	珠光体 + 铁素体(呈亮白色块状)	400 ×
2	正火：860℃空冷	细珠光体 + 铁素体(块状)	500 ×

续表 3 - 2

编号	热处理工艺	显微组织特征	放大倍数
3	淬火：760℃水冷	针状马氏体 + 部分铁素体（白色块状）	500 ×
4	860℃水冷	细针马氏体 + 残余奥氏体（亮白色）	500 ×
5	860℃油冷	细针马氏体 + 屈氏体（暗黑色块状）	500 ×
6	1000℃水冷	粗针状马氏体 + 残余奥氏体（亮白色）	500 ×
7	860℃水淬和200℃回火	细针状回火马氏体（针呈暗黑色）	500 ×
8	860℃水淬和400℃回火	针状铁素体 + 不规则粒状渗碳体	500 ×
9	860℃水淬和600℃回火	等轴状铁素体 + 粒状渗碳体	500 ×
	T12 钢：		
10	退火：760℃球化	铁素体 + 球状渗碳体（细粒状）	400 ×
11	淬火：780℃水冷	细针马氏体 + 粒状渗碳体（亮白色）	500 ×
12	1000℃水冷	粗片马氏体 + 残余奥氏体（亮白色）	500 ×

三、实验设备及金相试样

（1）金相显微镜。

（2）金相试样。

实验用经热处理后铁碳合金的显微样品见表 3 - 3。

表 3 - 3　实验用各种铁碳合金的显微样品

编号	材料名称	工艺状态	显微组织	侵蚀剂
1	T12 钢	球化退火	$P_球$	4% 硝酸酒精溶液
2	T8 钢	正火	S	4% 硝酸酒精溶液
3	T8 钢	等温淬火	$B_上$	4% 硝酸酒精溶液
4	T8 钢	等温淬火	$B_下$	4% 硝酸酒精溶液
5	45 钢	油淬	T + M	4% 硝酸酒精溶液
6	20 钢	淬火	$M_{板条}$	4% 硝酸酒精溶液
7	T8 钢	淬火	M + A′	4% 硝酸酒精溶液
8	T12 钢	淬火 + 低温回火	$M_回$ + 颗粒状碳化物	4% 硝酸酒精溶液
9	45 钢	淬火 + 中温回火	$T_回$	4% 硝酸酒精溶液
10	45 钢	调质	$S_回$	4% 硝酸酒精溶液

（3）金相照片。

表 3 - 3 中所列铁碳合金样品的显微组织放大照片一套。

四、实验步骤

（1）在教师指导下，熟悉金相显微镜的基本结构，并对其进行简单的操作。

（2）在显微镜下认真观察表3-3中所列样品的显微组织，识别各种显微组织特征，并观察分析热处理工艺对组织的影响。

（3）在金相显微镜下选择各试样显微组织的典型区域，并根据组织特征描绘出其显微组织示意图。

（4）记录所观察的各试样材料名称、热处理工艺、金相显微组织、侵蚀剂、放大倍数及组织特征，并用引线标出各显微组织示意图中组织组成物的名称。

观察经热处理后的各金相试样的非平衡显微组织，在φ20 mm的圆内画出其显微组织示意图，用引线和符号标出其各种组织的名称，并填写材料名称、热处理工艺、金相显微组织、处理方法、放大倍数、侵蚀剂。金相显微组织记录格式如图3-13所示。

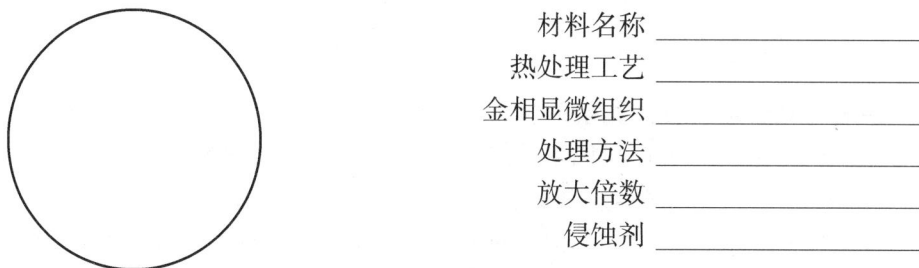

材料名称 _____
热处理工艺 _____
金相显微组织 _____
处理方法 _____
放大倍数 _____
侵蚀剂 _____

图 3-13　金相显微组织记录格式

五　实验注意事项

（1）在观察显微组织时，可先用低倍全面地进行观察，找出典型组织，然后再用高倍放大，对部分区域进行详细观察。

（2）在移动金相试样时，不得用手指触摸试样表面或将试样表面在载物台上滑动，以免引起显微组织模糊不清，影响观察效果。

（3）画组织示意图时，应抓住组织形态的特点，画出典型区域的组织。注意不要将磨痕或杂质画在图上。

六、实验报告要求

（1）用铅笔画出各种铁碳合金经热处理后的非平衡显微组织示意图，用引线和符号标出其各种组织的名称，并填写显微组织的有关说明信息。

（2）根据所观察的组织，利用Fe-Fe₃C相图和奥氏体等温转变图来分析确定各种组织的形成原因。

七、思考题

（1）45钢常用的热处理制度是什么？它们的组织是什么？多用作什么工件？
（2）T12钢常用的热处理制度是什么？它们的组织是什么？多用作什么工件？
（3）45钢调质处理得到的组织和T12球化退火得到的组织在本质、形态和性能上有何差异？

实验四　常用金属材料显微组织观察

一、实验目的

(1)观察各种常用合金钢、有色金属和铸铁的显微组织；

(2)分析这些金属材料的组织和性能的关系及应用。

二、实验概述

1. 几种常用合金钢的显微组织

合金钢依合金元素含量的不同，可分为三种：合金元素总量小于 5% 的称为低合金钢；合金元素为 5% ~10% 的称为中合金钢；合金元素大于 10% 的称为高合金钢。

(1)一般合金结构钢、合金工具钢都是低合金钢。由于加入合金元素，铁碳相图发生一些变动，但其平衡状态时的显微组织与碳钢的显微组织并没有本质的区别。低合金钢热处理后的显微组织与碳钢的显微组织也没有根本的不同，差别只是在于合金元素都使 C 曲线右移(除 Co 外)，即以较低的冷却速度可获得马氏体组织。例如 16Mn 淬火后为马氏体组织，40Cr 钢经调质处理后的显微组织是回火索氏体，如图 4 – 1、图 4 – 2 所示。GCr15 钢(轴承钢) 840℃油淬低温回火试样的显微组织，与 T12 钢 780℃水淬低温回火试样的显微组织是一样的，都得到回火马氏体 + 碳化物 + 残余奥氏体组织，如图 4 – 3 所示。

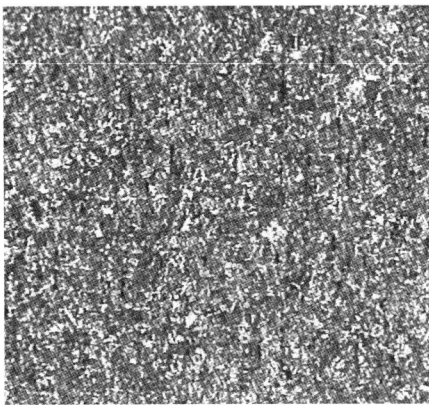

图 4 – 1　16Mn 淬火组织

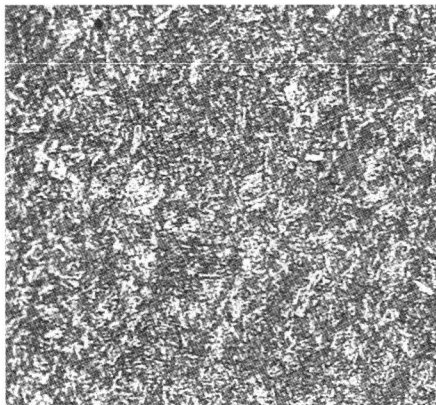

图 4 – 2　40Cr 钢调质后的组织

(2)高速钢是一种常用的高合金工具钢，例如 W18Cr4V。因为它含有大量合金元素，使铁碳相图中的 E 点大大向左移，以致它虽然只含有 0.7% ~0.8% 的碳，但也已经含有莱氏体组织，所以称为莱氏体钢。

高速钢的铸造状态下与亚共晶白口铸铁的组织相似。其中莱氏体由合金碳化物和马氏体或屈氏体组成。莱氏体沿晶界呈宽网状分布,莱氏体中的碳化物粗大,有骨架状,不能靠热处理消除,必须进行锻造打碎。锻造退火后高速钢的显微组织是由索氏体和碳化物所组成的。

高速钢优良的热硬性及高的耐磨性,只有经淬火及回火后才能获得。它的淬火温度较高,为 $1270 \sim 1280℃$,以使奥氏体充分合金化,保证最终有高的热硬性。淬火时可在油中或空气中冷却。淬火组织为马氏体、碳化物和残余奥氏体。由于淬火组织中存在有较大量 $(25\% \sim 30\%)$ 的残余奥氏体,一般都进行三次约 $560℃$ 的回火。经淬火和三次回火后,高速钢的组织为回火马氏体、碳化物和少量残余奥氏体 $(2\% \sim 3\%)$(图 $4-4$)。

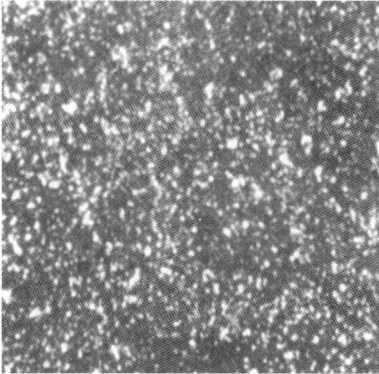

图 4 - 3 GCr15 钢淬火低温回火后的组织

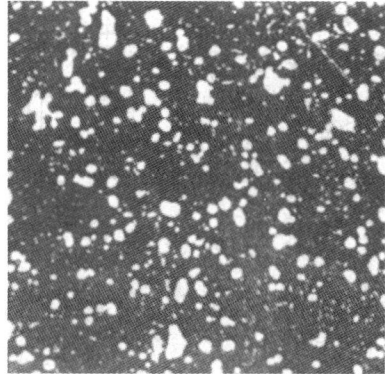

图 4 - 4 W18Cr4V 淬火 + 三次回火后的组织

(3)不锈钢是在大气、海水及其他侵蚀性介质条件下能稳定工作的钢种,大都属于高合金钢,例如应用很广的 1Cr18Ni9 即 18 - 8 钢。它的碳含量较低,因为碳不利于防锈;高的铬含量是保证耐蚀性的主要因素;镍除了进一步提高耐蚀能力以外,主要是为了获得奥氏体组织。这种钢在室温下的平衡组织是奥氏体 + 铁素体 + $(Cr, Fe)_{23}C_6$。为了提高耐蚀性以及其他性能,必须进行固溶处理。为此加热到 $1050 \sim 1150℃$,使碳化物等全部溶解,然后水冷,即可在室温下获得单一的奥氏体组织,如图 $4-5$ 所示。

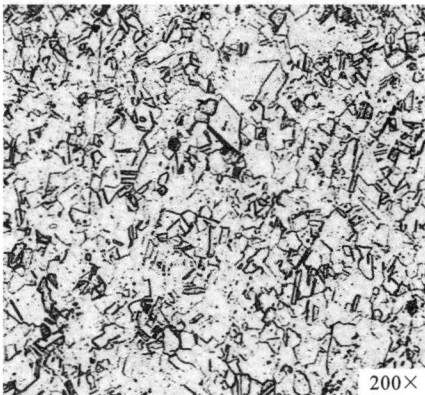

200×

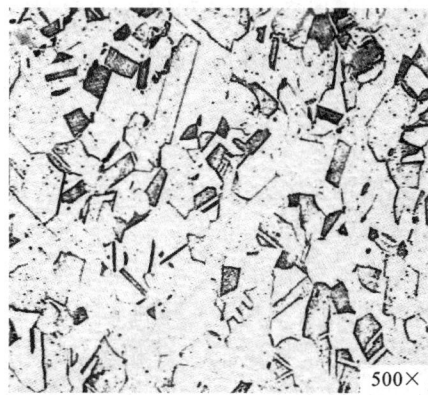

500×

图 4 - 5 1Cr18Ni9 钢固溶处理后的组织

但是 1Cr18Ni9 在室温下的单相奥氏体状态是过饱和的,不稳定的,当钢使用时温度达到 400~800℃ 的范围或者从较高温度例如固溶处理温度下冷却较慢时,$(Cr, Fe)_{23}C_6$ 会从奥氏体晶界上析出,造成晶间腐蚀,使钢的强度大大降低。目前,防止这种晶间腐蚀的途径有两条:一是尽量降低碳含量,但有限度;二是加入与碳的亲和力很强的元素 Ti、Nb 等。因此出现了 1Cr18Ni9Ti、0Cr18Ni9Ti 等及更复杂的牌号的奥氏体镍铬不锈钢。

2. 几种常用有色金属的显微组织

(1)铝合金

应用十分广泛的铝合金主要分变形铝合金和铸造铝合金两类。依照热处理效果又可分为能热处理强化的铝合金及不能热处理强化的铝合金。

铝硅合金是应用最广泛的一种铸造铝合金,常称为硅铝明,典型的牌号为 ZL102,含硅 11%~13%,从 Al-Si 合金相图可知,其成分在共晶点附近,因而具有优良的铸造性能,即流动性能好,产生铸造裂纹的倾向小。但铸造后得到的组织是粗大针状的硅晶体和 α 固溶体所组成的共晶体及少量呈多面体状的初生硅晶体(图4-6)。粗大的硅晶体极脆,因而严重地降低了合金的塑性和韧性。为了改善合金性能,可采用变质处理。即在浇注前在合金液体中加入占合金重量 2%~3% 的变质剂(常用 NaF + NaCl 的钠盐混合物)。由于钠能促进 Si 的生核,并能吸附在硅的表面阻碍它长大,使合金组织大大细化同时使共晶点右移,而原合金成分变为亚共晶成分,所以变质处理后的组织由初生 α 固溶体和细密的共晶体(α+Si)组成。共晶体中的硅细小(图4-7),因而使合金的强度与塑性显著改善。

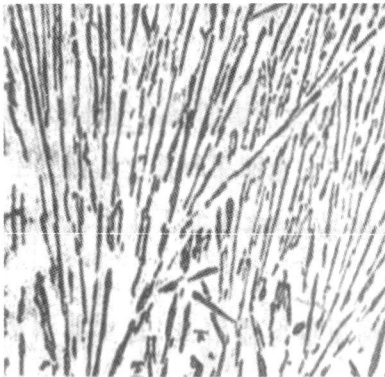

图4-6　Al-Si 合金的组织(未变质)

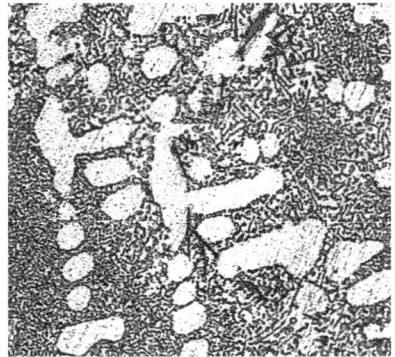

图4-7　Al-Si 合金的组织(变质后)

(2)铜合金

最常用的铜合金为黄铜(Cu-Zn 合金)及青铜(Cu-Sn 合金等)

由铜-锌合金相图可知,Zn 少于 36% 的黄铜中组织为单 α 相固溶体,这种黄铜称为 α 黄铜或单相黄铜。单相黄铜 H70 经变形及退火后,其 α 晶粒呈多边形,并有大量退火孪晶(图4-8)。单相黄铜具有良好的塑性,可进行各种冷变形。含 36~45%Zn 的黄铜具有 α+β 两相组织,称为双相黄铜。双相黄铜 H62 的显微组织中,α 相呈亮白色,β 相为黑色(图4-9)。β 相是以 CuZn 电子化合物为基的有序固溶体,在低温下较硬较脆,但在高温下有较好的塑性,双相黄铜可以进行热压力加工。

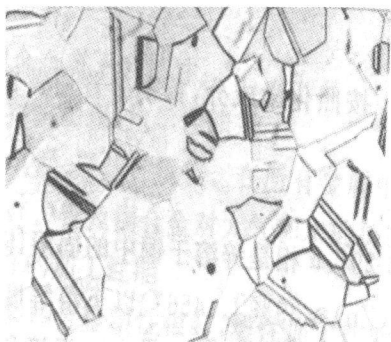

图 4 - 8　单相黄铜的显微组织

图 4 - 9　双相黄铜的显微组织

（3）轴承合金

巴氏合金是轴承合金中应用较多的一种。锡基巴氏合金含 83% Sn、11% Sb 和 6% Cu。按照 Sn - Sb 合金相图，合金的组织中主要有以 Sb 溶于 Sn 中的 α 固溶体为软基体和以 Sn - Sb 为基的有序固溶体 β 相为硬质点。同时，为了消除由于 β 相比重小而易上浮所造成的比重偏析，在合金中特地加入 Cu 形成 Cu_6Sn_5。Cu_6Sn_5 在液体冷却时最先结晶成树枝状晶体，能阻碍 β 上浮，因而使合金获得较均匀的组织。如图 4 - 10 所示为巴氏合金的显微组织，暗黑色基体为软的 α 相，白色方块为硬的 β 相，而白色枝状析出物则为 Cu_6Sn_5，它也起硬质点作用。这种软基体硬质点混合组织能保证轴承合金具有必要的强度、塑性和韧性，以及良好的抗振减磨性能等。

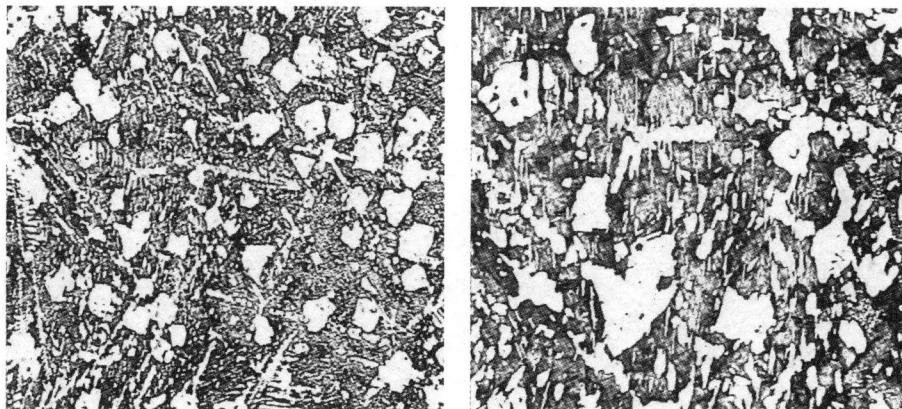

图 4 - 10　巴氏合金的组织

3. 铸铁的显微组织

依照结晶过程中石墨化程度的不同，铸铁可分为白口铸铁、灰口铸铁和麻口铸铁。白口铸铁具有莱氏体组织而没有石墨，即全部碳均以渗碳体的形式存在。灰口铸铁中没有莱氏体，碳主要以石墨的形式存在。因此，灰口铸铁的组织是由钢基体和石墨所组成，其性能也完全由基体和石墨两方的特点来决定。麻口铸铁的组织介于白口和灰口之间。白口和麻口铸铁由于存在莱氏体，具有较大的脆性，在工业上较少应用。

在灰口铸铁中，由于石墨的强度和塑性几乎等于零，可以把这种铸铁看成是布满裂纹或空洞的钢。所以其抗拉强度与塑性远比钢低。且石墨数量越多、尺寸越大或分布越不均匀，则对基体的削弱割裂作用越大，铸铁的性能也就越差。

根据石墨化第三阶段发展程度的不同，灰口铸铁有三种不同的基体组织，即铁素体、珠光体＋铁素体和珠光体。铁素体基体的铸铁韧性最好，而以珠光体为基体的铸铁的抗拉强度最高。

决定铸铁性能的组织因素主要在石墨方面，其次是基体。按照石墨的形状等特点，铸铁大致分以下几种；

（1）灰铸铁

一般灰铸铁中石墨呈粗大片状，如图4－11～图4－14所示。在铸铁浇注前往铁水中加入孕育剂增多石墨结晶核心时，石墨以细小片状的形式分布，这种铸铁叫作孕育铸铁。一般灰口铸铁的基体可以有铁素体、珠光体＋铁素体以及珠光体三种。孕育铸铁的基体多为珠光体。

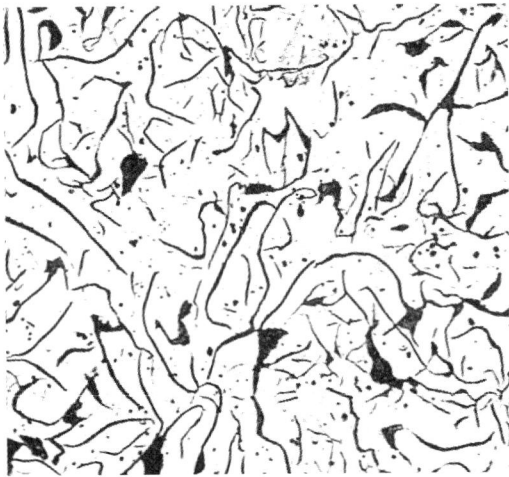

图4－11　灰铸铁的石墨分布（未腐蚀）

图4－12　灰铸铁的组织（F＋片状石墨）

（2）球墨铸铁

球墨铸铁在铁水中加入球化剂，浇注后石墨呈球形析出，因而大大削弱了对基体的割裂作用，使铸铁的性能显著提高。球墨铸铁的组织主要有铁素体基体和珠光体基体两种。图4－15～图4－17为球墨铸铁的显微组织。

（3）可锻铸铁

可锻铸铁又称展性铸铁，它是由白口铸铁经石墨化退火处理而得到。其中的石墨呈团絮状，也显著地减弱了对基体的割裂作用，因而使铸铁的机械性能比普通灰口铸铁有明显的提高。可锻铸铁分铁素体基体和珠光体基体两种，但铁素体基体的可锻铸铁应用较多。图4－18～图4－20为铁素体基体和珠光体基体的可锻铸铁显微组织。

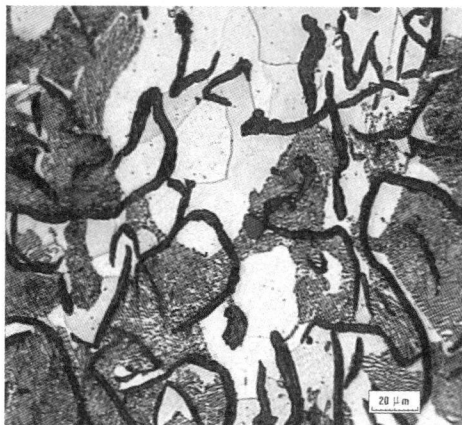

图 4 – 13　灰铸铁的组织(P + F)

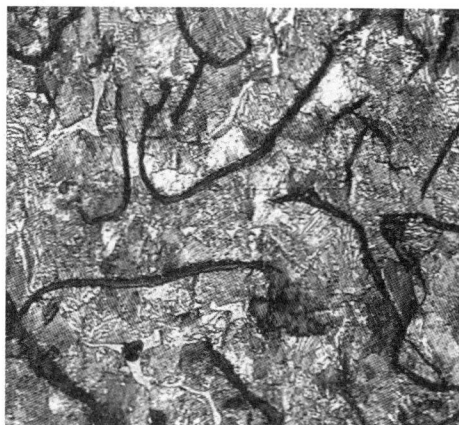

图 4 – 14　灰铸铁的组织(P)

图 4 – 15　球墨铸铁的组织(未腐蚀)

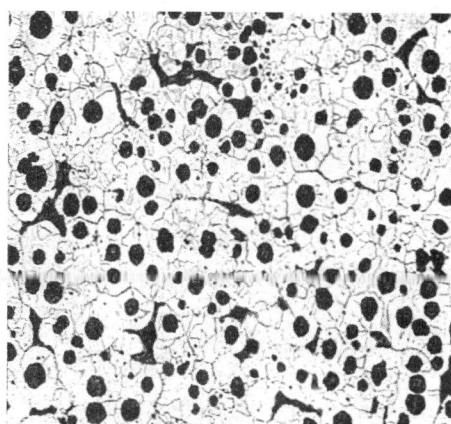

图 4 – 16　球墨铸铁的组织(F)

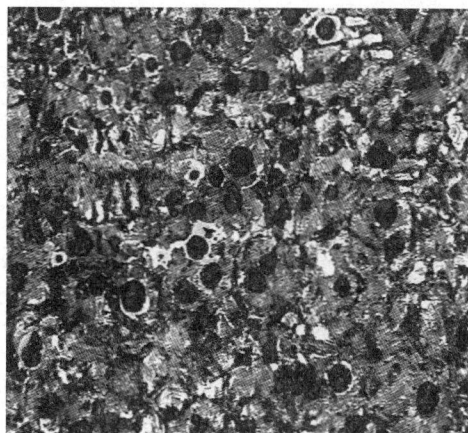

图 4 – 17　球墨铸铁的组织(P + F)

图 4 – 18　可锻铸铁的组织(未腐蚀)

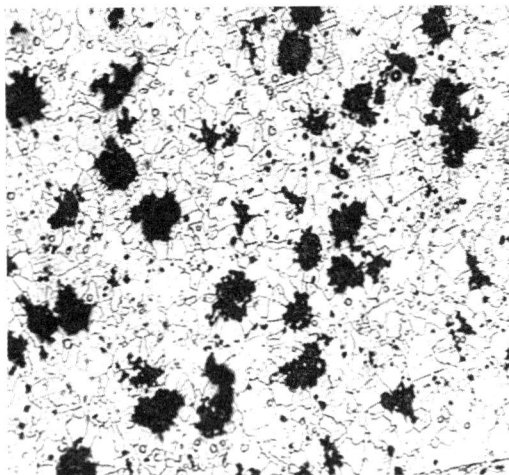

图 4-19　可锻铸铁的组织（F）

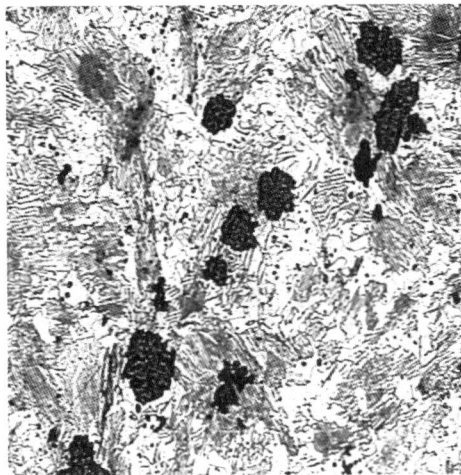

图 4-20　可锻铸铁的组织（P）

前面已指出，铸铁的基体既然是钢，所以照理铸铁和钢一样可以进行热处理。但一般来说，灰口铸铁由于石墨的割裂作用太大，改善基体对性能提高的作用有限，所以热处理的作用较小。但是对于球墨铸铁，热处理则是很有实际意义的，球墨铸铁常常可以通过正火、调质和等温淬火等来进一步提高各种机械性能。

三、实验内容

（1）观察表 4-1 所列样品的显微组织。

（2）描绘出各种合金的显微组织示意图，并标明各种组织组成物的名称。

（3）对比分析各种合金钢之间、各种有色金属之间、各种铸铁之间的显微组织的特点。

表 4-1　常用金属材料显微组织观察样品

样品序号	材料名称	处理工艺	侵蚀剂
1	16Mn	淬火处理	4% 硝酸酒精
2	40Cr	调质处理	4% 硝酸酒精
3	GCr15	840℃ 油淬 200℃ 回火	4% 硝酸酒精
4	W18Cr4V	1280℃ 油淬 560℃ 三次回火	4% 硝酸酒精
5	1Cr18Ni9	固溶处理	王水溶液（硝酸 1 份，盐酸 3 份）
6	Al-Si 合金	铸造（未变质处理）	0.5% HF 水溶液

续表 4 – 1

样品序号	材料名称	处理工艺	侵蚀剂
7	Al – Si 合金	铸造(变质处理)	0.5% HF 水溶液
8	α 黄铜	退火状态	3% $FeCl_3$ + 10% HCl 水溶液
9	α + β 黄铜	退火状态	3% $FeCl_3$ + 10% HCl 水溶液
10	巴氏合金	铸态	4% 硝酸酒精
11	灰口铸铁	铸态	4% 硝酸酒精
12	球墨铸铁	铸态	4% 硝酸酒精
13	可锻铸铁	可锻化退火	4% 硝酸酒精

四、实验设备及金相试样

(1)金相显微镜;

(2)金相试样;

(3)金相照片。

表 4 – 1 中所列铁碳合金样品的显微组织放大照片一套。

五、实验步骤

(1)在教师指导下,熟悉金相显微镜的基本结构,并对其进行简单的操作。

(2)在显微镜下认真观察表 4 – 1 中所列各种常用合金钢、有色金属和铸铁的显微组织,分析这些金属材料的组织和性能的关系及应用。

(3)在金相显微镜下选择各试样显微组织的典型区域,并根据组织特征描绘出其显微组织示意图。

(4)记录所观察的各试样材料名称、热处理工艺、金相显微组织、侵蚀剂、放大倍数及组织特征,并用引线标出各显微组织示意图中组织组成物的名称。

观察常用合金钢、有色金属和铸铁的显微组织,在 $\phi20$ mm 的圆内画出其显微组织示意图,用引线和符号标出其各种组织的名称,并填写出材料名称、热处理工艺、金相显微组织、处理方法、放大倍数、侵蚀剂。金相显微组织记录格式如图 4 – 21 所示。

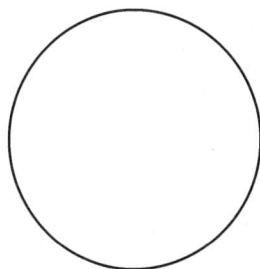

材料名称 _____
热处理工艺 _____
金相显微组织 _____
处理方法 _____
放大倍数 _____
侵蚀剂 _____

图 4 – 21　金相显微组织记录格式

六、实验注意事项

(1)在观察显微组织时,可先用低倍全面地进行观察,找出典型组织,然后再用高倍放大,对部分区域进行详细观察。

(2)在移动金相试样时,不得用手指触摸试样表面或将试样表面在载物台上滑动,以免引起显微组织模糊不清,影响观察效果。

(3)画组织示意图时,应抓住组织形态的特点,画出典型区域的组织。注意不要将磨痕或杂质画在图上。

七、实验报告要求

(1)写出实验目的。

(2)分析讨论各类合金钢组织的特点,并与相应碳钢组织作比较,同时把组织特点同性能和用途联系起来。

(3)分析讨论各类铸铁组织的特点,并同钢的组织作对比,指出铸铁的性能和用途的特点。

八、思考题

(1)比较合金钢与碳钢组织上有什么不同,性能上有什么差别,使用上有什么优越性。

(2)为什么工业上的大构件(如大型发电机转子)和小型工件(如小板牙)都必须采用合金钢制造?

(3)轴承钢为什么要用铬钢?为什么对其中的非金属夹杂的限制要特别严格?

(4)高速钢(W18Cr4V)的热处理工艺是怎样的?有何特点?

(5)要使球墨铸铁分别得到回火索氏体及下贝氏体组织,应进行何种热处理?

(6)铸造 Al – Si 合金的成分是如何考虑的?为何要进行变质处理?变质处理与未变质处理的 Al – Si 合金前后的组织与性能有何变化?

(7)轴瓦材料的组织应如何设计(即它的组织应具有什么特点)?巴氏合金的组织是什么?

参考文献

[1]高为国，钟利萍. 机械工程材料[M]. 长沙：中南大学出版社，2012.

[2]崔占全，孙振国. 工程材料学习指导（第3版）[M]. 北京：机械工业出版社，2013.

[3]樊湘芳，叶江，吴炜. 机械工程材料学习指导与习题精解[M]. 长沙：中南大学出版社，2013.

[4]董丽君，高为国. 机械工程材料实验[M]. 长沙：中南大学出版社，2012.

[5]朱张校，姚可夫. 工程材料（第5版）[M]. 北京：清华大学出版社，2011.

[6]朱张校，姚可夫. 工程材料习题与辅导（第5版）[M]. 北京：清华大学出版社，2011.

[7]于永泗，齐民. 机械工程材料[M]. 大连：大连理工大学出版社，2010.

[8]徐善国，于永泗，齐民. 机械工程材料辅导·习题·实验（第4版）[M]. 大连：大连理工大学出版社，2010.

[9]姜江等. 机械工程材料学习指导（习题与实验）（第3版）[M]. 哈尔滨：哈尔滨工业大学出版社，2010.

[10]逯允海，王世刚，鞠刚. 工程材料教程辅助教材[M]. 哈尔滨：哈尔滨工程大学出版社，2005.